动物科学职教师资本科专业培养资源开发项目（VTNE060）特色教材

动物科学
专业教学法

欧阳叙向　肖调义　钟元春◎编著

中国农业科学技术出版社

图书在版编目（CIP）数据

动物科学专业教学法／欧阳叙向，肖调义，钟元春编著．--北京：中国农业
科学技术出版社，2021.10

ISBN 978-7-5116-5228-7

Ⅰ.①动… Ⅱ.①欧…②肖…③钟… Ⅲ.①动物学-教学法 Ⅳ.①Q95-42

中国版本图书馆 CIP 数据核字（2021）第 043589 号

责任编辑	金　迪　李　华
责任校对	贾海霞
责任印制	姜义伟　王思文

出 版 者	中国农业科学技术出版社
	北京市中关村南大街 12 号　邮编：100081
电　　话	（010）82109194（编辑室）　（010）82109702（发行部）
	（010）82109709（读者服务部）
传　　真	（010）82109698
网　　址	http://www.castp.cn
经 销 者	各地新华书店
印 刷 者	中煤(北京)印务有限公司
开　　本	185 mm×260 mm　1/16
印　　张	12.25
字　　数	290 千字
版　　次	2021 年 10 月第 1 版　2021 年 10 月第 1 次印刷
定　　价	85.00 元

《动物科学职教师资本科专业培养资源开发项目（VTNE060）特色教材》

编 委 会

主　任：肖调义　　钟元春

副主任：苏建明　　欧阳叙向　　刘振湘

　　　　张　玉

委　员：陈清华　　戴荣四　　　李铁明

　　　　夏金星

《动物科学专业教学法》
编著人员

主　编　著：欧阳叙向　　肖调义　　钟元春

编著人员：陈　琼　　陈清华　　胡　瑛

李四元　　徐平源　　魏小军

彭慧珍　　张佩华　　唐　家

前　言

　　《动物科学专业教学法》是动物科学职教师资本科专业培养资源开发项目（VTNE060）开发的特色教材之一。内容包括职业教育基本教学理论的认知、动物科学专业教学特点分析、动物科学专业教学过程、动物科学专业教学过程中的多媒体技术运用四个模块 17 个项目。纵向来看，有理论课、实验课、实训课、专业综合技能实训课教学设计的运用；横向来看，有国内外职业教育教学基本理论、教学方法的比较与借鉴。本教材有三大特点：一是立足为中等职业学校培养动物科学专业师资，构建了涵盖教学基本理论、专业教学分析、专业理论课教学设计运用、实验课教学设计运用、实训课教学设计运用、专业综合技能实训课教学设计等项目任务；二是立足动物科学专业教学实际，因材施教，主张职业学校应实现理论、实践教学一体化；三是面向课程教学实践，在总结职业学校教学改革成果的基础上，力图归纳出中国特色的动物科学专业理论课、实验课、实训课、专业综合技能实训课的教学设计，对教学实践提供直接有效的帮助。

　　本书由欧阳叙向牵头，规划全书结构并统稿，撰写第一模块；由李四元、魏小军、彭慧珍撰写第二模块；由徐平源、陈琼、张佩华撰写第三模块；由胡瑛、陈清华、唐家撰写第四模块。本项目主持人肖调义教授对全书的构架、全书写作提出了指导性意见，并对全书提出了修改意见。项目组刘振湘、钟元春等为本书的写作提出了许多宝贵的意见与建议，并做了大量完善书稿工作。

　　职业教育有众多课程，同一专业的教学内容、培养目标也会有差异，职业教育专业法研究是一个艰苦而漫长的过程，鉴于我们的能力水平有限，虽然我们竭尽全力，本书也必然会存在不足之处，恳请各位专家学者批评指正，帮助我们日后补充完善，促使具有中国职业教育专业教学特色的教学法尽快成长、成熟。

编著者
2020 年 12 月

目　　录

模块一　职业教育基本教学理论的认知

【学习目标】

本模块要求教师通过对基本教学理论的认知，掌握现代职教的教学理论，并能说出职业教育教学法和运用教学方法进行教学。

【学习任务】

➤ 教学的认知。

➤ 现代职业教育教学理论的认知。

➤ 职业教育专业教学的认知。

➤ 现代职业教育常用教学方法的掌握。

项目一　教学的认知

一、教学的定义

《礼记·学记》中有"古之王者建国君民，教学为先"之语，其"教学"一词就是教与学双方活动的意思。英语中的 teach（教）、learn（学）也可以说是由同一词源派生出来的。但随着教育及教学活动的不断发展、丰富和深入，形成了多种有关教学的解释，对其进行归纳，主要有以下三种具有代表性的观点。

（一）教学即教授

《现代汉语词典》中对"教学"的解释是："教学是教师把知识、技能传授给学生的过程。"从这一定义可见，教学即指传授的过程，这里主要强调了教师的主导地位。

（二）教学即教学生学

蔡元培指出："我们教书，并不像注水入瓶一样，注满就算完事。重要的是引起学生读书的兴味……最好是学生自己去研究，教员不讲也可以，等到学生实在不能用自己的力量了解功课时，才去帮助他。"这里强调了要教会学生自主学习的重要性，让学生学会学习。但这里仍然存在将学生视为被动客体之嫌，没有彻底地承认学生的主体地位。

（三）教学是教与学的双边统一活动

这种观点认为，学习不仅要教，还要主动学，必须发挥教师教与学生学两方面的作用，做到教与学的有机结合，即教学必须将教师的教和学生的学融为一体，做到教学相长。这种观点是当前被普遍接受的观点。

因此，所谓教学，即在一定的教学环境下，以明确的教学目标作指导，选取相应的教学内容，按照因材施教的教学原则，使教师、学生之间产生教育影响的双向互动过程。对于职业教育而言，其教学也是教与学的双边统一活动。

二、教学的基本要素及其关系

(一) 教学过程基本要素概述

教学过程的基本要素，目前有三要素说、四要素说、五要素说、六要素说、七要素说等。其中，三要素说认为教学过程基本要素包括教师、学生、教学内容三个方面，四要素说即在三要素基础上增加了教学方法要素，五要素说在四要素基础上增加了教学媒体要素，六要素说在五要素基础上增加了教学目标要素，而七要素说认为教学基本要素是由教师、学生、教学目的、课程、教学方法、教学环境和教学反馈等七种要素组成。纵观这几种观点，其实在基本要素中除教师与学生要素外的其他要素都是教师作用于学生的全部信息，我们统称为教学中介。

教师是履行教育教学职责的专业人员，承担教书育人、培养社会建设者、提高民族素质的使命。教师通过承担各门课程的教学，向学生传授系统的科学文化知识，引导他们树立科学的世界观、人生观，指导学生主动地、有效地进行学习，营造良好的教学氛围来促进学生健康、快速地成长。因此，教师必须根据一定的教学目标，协调教学内容、学生等因素及其之间的关系，在教学过程中的作用集中体现为"点拨"和"引导"，即教学过程中的主导地位是教师。

学生是一种专门的社会角色，既是教学的对象又是教学的主体，同时具有独特个性，其身心在不断地发展完善。因此，学生可通过自己的独立思考认识客观世界和社会，把课程、教材中的知识结构转化、纳入自身的认知结构中去，并能在主动探究的学习中锻炼自己，经过自己的体验，树立正确的世界观、人生观和价值观。在"教"与"学"的矛盾中，矛盾的主要方面是"学"，即学生的学是教学中的关键问题，教师的"教"应围绕学生的"学"展开。所以，教学过程的主体地位是学生。

教学中介，也称为教学活动的客体，是教学活动中教师作用于学生的全部信息，包括教学目标，教学的具体内容，课程、教学方法和手段，教学组织形式，反馈和教学环境等基本要素。

(二) 教学要素之间的关系

上述教学的基本要素之间既相互独立，又相互制约，共同构成一个完整的实践活动系统。教师与学生是教学活动的主要承担者，没有教师，教学活动就不可能开展，学生也不可能得到有效的指导；没有学生，教学活动就失去了对象，无的放矢；没有教学中介，教学活动就成了无米之炊、无源之水，再好的教学意图、再好的发展目标，也都无法实现。因此，教学是由上述三个基本要素构成的一种社会实践活动系统，是上述三个基本要素的有机组合。各个要素本身的变化，必然导致教学系统状况的改变。教师在教学过程中应致力于充分发挥各种要素的作用，改善各种要素之间的相互联系，使之产生一种更大的整体"合力"，从而取得更好的教学效果。

三、教学的本质及其论争

历史上，人们从不同视角、不同层面反复追问过教学本质究竟是什么，提出了许多不同的教学本质观，比如有特殊认识说、认识发展说、实践说、交往说、传递说、学习说、关联说、认识实践说和层次类型说等。

（一）特殊认识说

特殊认识说认为教学是一个认识过程，并有其特殊性。具体来说，教学是教师教学生认识世界、获得发展的特殊认识形式。该观点最初起源于苏联凯洛夫主编的《教育学》，其后被引入我国，我国学者对其进行了丰富与完善。最典型的代表是王策三教授在《教学论稿》中的论述，他强调人类认识过程与教学过程是一致的，具体表现在认识的主体、检验标准、过程顺序及结果等的一致性。但是，教学过程作为一种认识过程又具有自己的特殊性，这种特殊性表现在教学过程具有间接经验为主、有组织地进行和教育性等三个特点。因此，它抓住教学过程中"学生领会知识"的过程与人类一般认识过程既基本一致又有其特殊性的特点。

（二）认识发展说

认识发展说认为教学是促进学生身心全面发展的过程。具体来说，教学过程不仅是教师领导下学生自觉地认识世界的一种特殊认识过程，而且也是以此为基础的促进学生身心全面发展的过程。把教学过程看作是促进学生发展的过程，可以说部分地找到了"教学"这一事物的实质。这种观点的理由是对教学过程本质的探讨不能局限于认识论的角度，因为在教学过程中，教师和学生都是以个性的全部内容参加活动的。因为教学作为一种专门组织的活动，其目的性、计划性能保证学生所受影响和所发生变化的预期方向性，即符合某种目的的发展性。因此，有的学者强调学生可通过自主探究、发现学习来掌握学科的基本结构，促进智慧潜力的提高、内部动机的形成、探究方法的掌握和记忆的保持。

（三）实践说

实践说认为教学是一种特殊的实践活动。具体来说，有的学者认为教学可视为教师的社会实践，即教师对学生进行指导、转变和塑造的活动，又有的认为是师生共同的实践活动。无论是从教师的角度、学生的角度，或是从师生共同行动的角度，都将教学活动本质上看作是一种特殊的实践活动。因此，在实践说里，一切教学环节都不是最终目的，而是为达成教学发展的目的所必要的手段。杜威进而言之，这个过程本身就是目的，实实在在的生活、循序渐进的生长、持续不断的经验改造，儿童和青少年便逐步成长而最终成为合格的社会成员。

（四）交往说

交往说认为教学是一种特殊的交往活动。具体来说，有的学者把交往视为教学背景，有的把交往视为教学手段和方法，也有的把交往视为教学内容乃至目标。在国内，视交往为单纯的教学背景条件的主要代表人物有吴也显，视交往为教学手段和方法的主要代表人物有肖川、辛继湘等，视交往为教学内容、对象、目标的主要代表人物有柳夕浪等，视交往为教学本身的主要代表人物有唐文中。在国外，德国交往教学论学派把教学过程视为一种交往过程，要求师生遵循合理交往原则，尽可能发展学生的个性；苏联心理学界维果茨基学派认为，儿童只有凭借同成人的交往，掌握人类历史发展的成就并作为其个人资产而再现，才能获得实在的发展。由此认为，广义的教学是交往的一般形式，学校中的教学是交往的特殊形式。

（五）传递说

传递说认为教学就是传授知识经验的过程。具体来说，有的认为教学是传授知识技能或经验的传递，也有的认为教学是教师有目的地传授和指导学生学习科学文化知识与技能的教育活动。传递说从教师的角度看待教学，强调教师在教学活动中的主导地位，注重教师所授内容即文化知识、经验对社会与个人发展的意义。传递说基本上是一种描述性的认识，它虽然正确地看到了教师、知识内容及教学指导关系的教学论意义，但却忽视了学与教在教学概念中作为等价义项的逻辑意义，降低了学习对于教学论所具有的认识论价值，抹杀了学生在教学论中作为主体的地位，因而是对完整教学片面的、表层的概括，未能全面、深刻地把握教学的本质。

（六）学习说

学习说认为教学是学生在教师指导下的学习活动。具体来说，所谓教学本质是学生在教师指导下，批判继承和探索创新的学习过程等。坚持学习说的论者，依据对学生及其活动在教学过程中的地位和作用的理解，强调学生学习对于教学的本质意义。它从学生学习的角度审视教学，把教师的指导作为一种必要条件，教师通过为学生的学习和发展提供方向、支持与评价而获得其教学论意义。应该说，这种观点在很大程度上是符合当代教学论重视学生积极主动学习成长的发展趋势的。

（七）关联说

关联说认为教学是教师的教和学生的学的统一活动。具体来说，教与学的关联是教学存在的前提，没有二者的相互作用就没有教学，其着眼点是教和学的联系、相互作用及其统一。持这种观点的学者，具代表性的有苏联的克拉耶夫斯基、巴班斯基和我国的吴杰等。克拉耶夫斯基认为"教和学的统一，是教学过程的客观特征，是在教与学的相互作用的联系中实现的"。吴杰等人认为"教学是教师的教和学生的学所组成的共同活动"。

（八）认识实践说

认识实践说认为教学是认识和实践统一的过程。具体来说，注意到教学过程中教与学、认识与实践的统一，看到了这一过程的整体性；同时对学生的主体地位予以全面肯定，学生不仅是认识的主体，也是实践特别是自我实践的主体，表现出对教学目的性较深入的理解；在对教学过程的全面分析、探讨基础上，试图用系统的观点，完整、准确地表述其本质特征，说明其对教学本质的认识已趋向综合。吴也显在《教学论新编》中认为"教学过程是在相互联系的教和学的形式中进行的，以传授和学习文化知识为基础、以培养和发展学生的能力和健全的个性为目的、由学校精心组织起来的社会认识、实践的过程。"另有论者认为，"教学过程是学生在教师的精心组织和指导下，对人类已有知识经验的认识活动和改造主观世界、形成和谐发展个性的实践活动的统一过程"。

（九）层次类型说

层次类型说认为教学是一个多层次、多方面、多形式、多序列和多矛盾的复杂过程，教学过程的本质应该是一个多层次、多类型的结构。具体来说，主张从多学科、多角度对教学过程进行分析研究。蒲心文在 1981 年、1982 年、1983 年相继提出并丰富了此观点，他主张从整体性和全过程上对教学过程的各个侧面进行客观地、系统地、全面地、综合地分析研究。这有利于打开人们的思路，清除教学论研究中的形而上学的弊端，这不论在当时还是在今天，都具有重要的理论意义和启发作用。随着我们对教学过程各方面关系的认识深化，教学过程本质的层次类型将会不断增多。我们对教学过程本质认识的层次、类型越多，教学理论研究就越深刻，对教学理论的探讨也就越丰富，对教学实践的指导意义就越广泛。

项目二　现代职业教育教学理论的认知

职业教育教学理论源于普通教学理论，因为许多著名的教学理论专家的基本思想都闪烁着职业教育的光芒，现代职教教学理论是在此基础上丰富和发展起来的。下面介绍对现代职业教育发展影响较大的教学理论。

一、教学与发展理论

教学与发展理论是列·符·赞可夫通过教学试验而提出的，其基本论点是把学生在教学过程中的发展分为两个水平，一个是现有水平，表现为学生已经完成的发展程序（儿童能够独立地解决一定的智力任务），另一个是最近发展区，它介于学生潜在发展水平和现有发展水平之间。赞可夫认为教学能否促进学生发展在于教师能否不断地创造最近发展区，然后使学生的最近发展区转化为现有水平。为此，赞可夫提出了五条教学原则。

（一）以高难度进行教学的原则

赞可夫认为教学要有一定的难度。他主张把教学建立在高水平的难度上，在教学过程中，只要学生懂了，就要继续教授，不要原地踏步走，防止学生产生心理抑制，让学生时时感到在学习新东西。同时，他也指出难度不是越高越好，要注意掌握难度的分寸。只有这样才能为紧张的智力工作不断提供丰富营养的教学，才能有效地促进学生的发展。例如，学生已经掌握平均数的概念，那么就应该引导他进入标准差的学习，无需强调平均数的计算，因为在标准差的计算过程中，学生会运用平均数从而再次巩固对平均数的计算能力。这就是学科的基本结构呈现的系统性，因此高难度教学得以实施。

（二）以高速度进行教学的原则

赞可夫认为要以高速度进行教学。他主张从减少教材和教学过程的重复中求得教学速度，从加快教学速度中求得知识的广度，从扩大知识广度中求得知识的深度。他说过："以高速度前进，绝不意味着在课堂上匆匆忙忙地把尽量多的东西教给学生……我们是根据是否有利于学生的一般发展来决定掌握知识和技巧的适宜速度的。"这个速度是要与学生的"最近发展区"的实际相适应，以丰富多彩的内容去吸引、丰富孩子的智慧，促进其发展。例如，在专业课教学过程中，通过老师的引导，学生经常会把所学的知识运用到生产实践中，他们能够轻松地判断事物之间的关系，并且因探究心理不断的发展，促使他们自己会想办法采用更简便的方法去实现目标。所以根据学生的发展现状提供丰富多彩的、更高层次的高应用价值的教学内容，学生会被其吸引，从而得到自然的发展。

（三）理论知识起指导作用的原则

赞可夫认为理论知识起指导作用。他认为学生"知识的获得、技能的形成是在一般发展的基础上，在尽可能深刻理解有关概念、法则及其之间的依存性的基础上实现的"。掌握理论知识能加深对于生产实践和技能运用的理解，使知识结构化、整体化，方便记忆；理论知识可以揭示事物内在联系，学生掌握理论知识后能够把握事物规律，然后展开思考，实现知识迁移，调动思维积极性，促进一般发展。例如，在诊断某疾病时，学生能依据疾病表现的症状，结合已掌握的病理与药理知识与技能，从而做出对某疾病的诊断结论，并提出治疗方案。

（四）使学生理解学习过程的原则

赞可夫认为使学生理解学习过程非常重要。他要求学生在理解知识本身的同时，也要理解知识是怎样学到的，也就是教材和教学过程都要着眼于学习活动的"内在"机制，教学生学会怎样学习。例如，学生学习饲料的营养作用时，教师可先引导学生说出饲料原料是由什么组成的，同时点出这些成分对饲料原料本身的作用，还可以此为基础，引导学生领会饲料原料中蛋白质、脂肪、维生素、微量元素等物质的生理作用与功能，从而使学生理解饲料营养成分对动物的营养作用。以上这个例子可以说明赞可夫"使学生理解学习过程原则"的含义。显然，这个原则要求学生把前后所学的知识进行联系，了解知识网络关系，使之融会贯通，灵活运用，教学要引导学生寻找掌握知识的途径，要求学生明确学习产生错误与克服错误的机制等。概括地说，要发展学生的认知能力，培养学生的自学能力，这样才有利于学生的发展。

（五）使全体学生都得到一般发展的原则

赞可夫认为教学要使学生得到一般发展。这是因为，在班级授课制的情况下，差生由于他们的发展水平低，在同样的学习环境中，差生见到的东西少，想到的东西少，因而学习的东西少。为了改变这种状况，教学要面向全体学生，特别是要促进差生的发展，如采取以工作任务导向设计教与学，多做实验，用知识本身吸引学生学习的乐趣，启发思考，适时练习、及时反馈、矫正等。用这样一些方法，持之以恒，使全体学生都得到一般发展是可以做到的。例如，教师在讲授家畜的外部形态时，应采取挂图、录像或利用实习基地现场动物进行教学，首先在家畜模型、挂图上让学生指出家畜的外部形态，然后以小组为单位让学生之间进行互相考评家畜外部形态辨认的正确性，最后针对实习基地的实体动物，由教师考评学生辨认家畜外部形态的正确性。这种教学不但让学生容易操作，而且充分体现了在认知家畜形态时要和实物准确地结合在一起。

根据以教学促进发展的主导思想，赞可夫在长期的实践研究过程中形成的这五条教学原则各有其作用，同时又相互联系，形成了一个整体。这一体系的特点是强调培养学生学习的内部诱因，并在保证共同的思想方向性的前提下，给予个性发挥作用的余地。

二、结构主义教学理论

结构主义教学理论是布鲁纳（J. S. Bruner）在皮亚杰心理学研究成果的基础上发展建立起来的。布鲁纳提出的结构教学理论，强调学生掌握科学知识的基本概念、基本原理的重要性，强调发展学生智力、重视逻辑思维和独立获得知识的能力，强调改革教学方法，让学生亲自成为结论和规律的发现者。其基本观点如下。

（一）要让学生掌握学科的基本结构

布鲁纳指出，不论我们教什么学科，务必使学生理解该学科的基本结构。"基本"就是一个观念具有广泛适用于新情况的能力，它是进一步获得和增长新知识的"基础"；"结构"则是指学科的基本概念、基本原理以及它们之间的联系，是指知识的整体和事物的普遍联系，即规律。他认为，学习的实质在于主动地形成认知结构。学习者不是被动地接收知识，而是主动地获取知识，并通过把新获得的知识和已有的认知结构联系起来，积极地建构其知识体系。布鲁纳对于学习基本结构意义的理解是：懂得基本原理可以使学科更容易理解；懂得基本原理有利于人类的记忆。另外布鲁纳指出，在教学中，不仅要让学生掌握一般的理论，还要培养他们对学习的态度、对推测和预测的态度、对独立解决问题的态度。因此他强调要精心组织教材。

（二）学习准备观念的转变，提倡早期学习

布鲁纳在他的《教育过程》中学习准备部分的第一句话就是，任何学科都可以用某种理智的方法有效地教给处于任何发展阶段的任何学生。因此学习准备是很重要的。他认为，儿童的智力发展阶段在很大程度上是会随着文化、教育条件的不同而加快、推迟或停滞；他主张，教学要向儿童提出挑战性的且适合的课题，以促进儿童认识的发展；他强调，基础学科能提早学习，使学生尽早尽快地学习许多基础学科知识。

（三）教学原理的四个特点

布鲁纳的教学原理有四个特点：一是应详细地规定最有效的使人能牢固树立学习的心理倾向的经验；二是应当详细规定将大量知识组织起来的方式，从而使学习者容易掌握；三是应规定呈现学习材料最有效的序列；四是必须规定教学过程中贯彻奖励和惩罚的性质和步调。据此他提出了四条教学原则，即动机原则、结构原则、程序原则、反馈强化原则。

（四）提倡发现学习，注重直觉思维

"发现学习"是布鲁纳在《教育过程》一书中提出来的。这种方法要求学生在教师的认真指导下，能像科学家发现真理那样，通过自己的探索和学习"发现"事物变化的因果关系及其内在联系，形成概念，获得原理。其基本程序一般为：创设发现问题的情境→建立解决问题的假说→对假说进行验证→做出符合科学的结论→转化为能力。布鲁纳的

"发现学习"以培养创新精神和实践能力为主要目的，即构建旨在培养创新精神和实践能力的学习方式及其对应的教学方式。他主张让学生主动地去发现知识，而不是被动地接受知识。所以布鲁纳格外重视主动学习，强调学生自己思索、探究和发现事物规律。发现学习的特点有三点，即再发现、有指导的发现和以培养探究性思维为目标。

三、范例主义教学理论

范例主义教学理论是指用典型范例去达到对事物一般属性认识和理解的教学方法。范例教学正是通过向学生提供经过选择的典型事例的学习，带动学生理解普遍性的问题，帮助学生掌握该学科最本质的、结构性的、规律性的系统知识，以及学习这些知识的教学方法，减轻学生学习负担，提高教学质量。德博拉夫认为："范例方式的教学，不仅要为某学科在每个阶段的系统的知识总体提供预备性的、要素性的知识，而且要掌握此种认识的方法和科学方法论以及在这种方法中表现出来的人类学的意义。"施滕策尔在德博拉夫的影响下，确定了范例方式教学过程的一般程序。其程序由下列阶段组成：范例性地阐明"个"的阶段；范例性地阐明"类"的阶段；范例性地掌握规律性、范畴性关系的阶段；范例性地获得关于世界（以及生活）经验的阶段。

范例教学在内容上，强调基本性、基础性和范例性3条原则。基本性原则要求教给学生基本的知识结构，包括基本概念、基本科学规律和学科的基本结构。基础性原则要求教学内容适应学生的智力发展水平，接近他们的生活经验和切合他们的生活实际，并且对于一定年龄发展阶段的青少年来说，这些教学内容是打基础的东西。范例性原则要求教给学生的内容是经过精选的、能起示范作用的基本知识，这种精选出来的范例性教学内容将有助于学习者举一反三。

范例教学的第一阶段的目标是以个别事实或对象说明事物的特征。这个阶段，对范例的学习和分析与研究是在整体统一的前提下进行的，不仅分析其优秀可取之处，重要的是分析其不足之处，使学生在学习时给予注意。范例的列举到分析，要遵循人的认知规律，即从个别到普遍，从直观到抽象，从感性到理性，按认知规律组织教学，因此，要通过讨论和分析，激发学生的兴趣，启发学生的思维。

范例教学第二阶段是通过对一些知识点进行多个范例的分析，对本质特征上相一致的个别现象作出总结，进行归类，找出共性。学生通过多次学习训练归纳、总结出解决同类问题的方法和步骤。

四、人本主义教学理论

人本主义教学理论是在人本主义学习观的基础上形成并发展起来的，该理论是根植于其自然人性论的基础之上。

（一）人本主义学习观的基本观点

人本主义学习理论是建立在人本主义心理学的基础之上。对人本主义学习理论产生深远影响的有两个著名的心理学家，分别是美国心理学家马斯洛（A. H. Maslow）和罗杰斯（C. R. Rogers）。他们主张学习是学生自我实现和自我发展的一个全身心投入的过程，在此过程中，自我潜能达到完全的释放和发展。该过程不仅涉及认知成分的参与，而且包括情感、态度、价值等的参与。因此，人本主义学习理论主张将学生从教师权威的羁绊中解放出来，学生不但是学习的能动主体，而且是教学活动的主动参与者；重视学习者内在学习动机的激发；强调充分发展学习者的潜能，满足自我需要，实现自我价值，从而使学习者成为人格健全发展的人。学习者作为学习的主体，在学习过程中要真正做到自由发展、自我实现，完成有意义的学习。

（二）人本主义教学理论的主要观点

人本主义学习理论在教育过程中的实践与应用，主要表现在教学目标、教学模式、学习过程、教学评价和师生关系等几个方面。

1. 教学目标上强调培养"完整的人"

人本主义主张教育目标应该是促进变化和学习，培养能够适应变化和知道如何学习、人格充分发挥作用的人。在人本主义者看来，教育要培养的人应该是"完整的人"和"自我实现的人"，也就是身体、心智、情感、精神融为一体的人，即知情合一的人。因此这种教学目标既包括知识的学习和认知能力的发展，也包括情感、意志的培养和对整个人的教育。

2. 教学模式上主要是"以学生为中心"

以罗杰斯为代表的人本主义者提出了"以学生为中心"的教学模式，将学生视为教育的中心。学校为学生而设，教师为学生而教，强调过程的学习方式。作为教师要以真诚、关怀和理解的态度对待学生的情感和兴趣，创造一种促进学习的良好氛围，把自己融入班集体中，给学生创设"真实问题"并且和学生一起讨论和思考；课程的安排是无结构的，主要是从事自由的讨论，使学生能形成和表达他们自己的看法和感受；学习主要是促进学习过程的不断发展，促进学生的成长，鼓励思考，而学习内容退居第二位。

3. 在学习过程中主要强调意义学习

人本主义者认为学生的学习应当是以自由为基础的有意义学习。学生本身就具有学习的内在潜能，教师的任务不是教学生学知识，而是为学生创设一种良好的学习环境，使学生能够根据自己的兴趣爱好以及自我理想来选择相关的学习内容，所选教材必须符合学生的生活经验，有助于实现学生的生活目的，当学生感到学习的内容与自己的目的有关时才会产生意义学习。教师要理解和尊重学生的个人情感与需要，使每个学生都有展现其优点的机会，只有这样，学生才会全身心地投入学习中从而发现、获得、掌握知识。

4. 教学评价上注重学生的自主评价

人本主义者认为，学习是个人的事情，学习目标、学习内容、学习方法都是自己制定和选择的，只有自己最清楚自己的学习情况，因此只有自己才能作出最恰当的评价。"自主评价"就是由自己制定评分标准，并实际执行评价，看自己的行为是否达到预定目标的评价方式。教育的目的不只是教学生知识，教学评价的目的也不只是检查学生学到了多少知识；而是要进一步使学生学习到如何评价自己，如何改进自己。

5. 师生关系上强调建立良好的师生关系

人本主义认为教师是学生学习的协助者和学习伙伴，学生是学习的主导者。教师的主要作用是帮助学生创设一种适宜的学习环境，从而使学生积极主动完成学习任务。教师扮演的是一种促进者的角色，他与学生之间建立的是一种和谐的人际关系。在整个教学过程中，教师要尊重学生、真诚地对待学生，让学生感到学习的乐趣，自动自发地积极参与到学习中；教师应作为学习的促进者、协作者或者说是学生的伙伴、朋友。

五、建构主义学习理论

建构主义学习理论的主要代表人物有皮亚杰（J. Piaget）、科恩伯格（O.F.Kernberg）、斯腾伯格（R. J. Sternberg）、卡茨（D. Katz）、维果斯基（Vogotsgy）。

建构主义认为，知识不是通过教师传授得到，而是学习者在一定的情境即社会文化背景下，主动对新信息进行加工处理，利用必要的学习资料，通过意义建构的方式而获得。由于学习是在一定的情境即社会文化背景下，借助其他人的帮助，即通过人际间的协作活动而实现的意义建构过程，因此建构主义学习理论认为情境、协作、会话和意义建构是学习环境中的四大要素或四大属性。

情境：学习环境中的情境必须有利于学生对所学内容的意义建构。这就对教学设计提出了新的要求，也就是说，在建构主义学习环境下，教学设计不仅要考虑教学目标分析，还要考虑有利于学生建构意义的情境的创设问题，并把情境创设看作是教学设计的最重要内容之一。

协作：协作发生在学习过程的始终。协作对学习资料的搜集与分析、假设的提出与验证、学习成果的评价直至意义的最终建构均有重要作用。

会话：会话是协作过程中不可缺少的环节。学习小组成员之间必须通过会话商讨如何完成规定的学习任务的计划；此外，协作学习过程也是会话过程，在此过程中，每个学习者的思维成果（智慧）为整个学习群体所共享，因此会话是达到意义建构的重要手段之一。

意义建构：这是整个学习过程的最终目标。所要建构的意义是指事物的性质、规律以及事物之间的内在联系。

在学习过程中帮助学生建构意义就是要帮助学生对当前学习内容所反映的事物的性质、规律以及该事物与其他事物之间的内在联系达到较深刻的理解。这种理解在大脑中的长期存储形式就是前面提到的"图式"，也就是关于当前所学内容的认知结构。由以上所述的"学习"的含义可知，学习的质量是学习者建构意义能力的函数，而不是学习者重现教师思维过程能力的函数。换句话说，获得知识的多少取决于学习者根据自身经验去建构有关知识的意义的能力，而不取决于学习者记忆和背诵教师讲授内容的能力。

项目三　职业教育专业教学的认知

职业教育是指为使受教育者获得某种职业技能或职业知识、形成良好的职业道德，从而满足从事一定社会生产劳动的需要而开展的一种教育活动，职业教育亦称职业技术教育。教学方法是教学过程的重要组成部分，是教学的重要手段，是教师与学生之间传递知识的媒介，是实现课程目标的主要途径。职业教育教学法是指在职业教育教学过程中运用的各类教学方法。

一、职业教育教学原则

职业教育教学原则在职业教育教学理论中占有特殊重要的地位，教师要顺利完成教学工作，除了明确教学过程、教学内容，遵循一定的教学规律，还必须研究和掌握职业教育教学活动中应遵循的一系列教学原则。正确掌握和灵活运用职业教育教学原则具有重要的意义和积极的作用，它是设计教学内容、制定课程标准（教学大纲）的准则；它是组织实施教学活动、选择教学方法、运用教学手段的指南；它是调控教学过程、评估教学质量的依据。

职业教育教学原则是指导教学工作有效进行的指导性原理和行为准则，是依据一定的教学目的和教学过程的客观规律而提出的，主要包括对教学内容的处理、教学方法与手段的选择，以及教学组织形式的安排。

（一）职业教育教学原则的内容

职业教育教学原则既要体现一般的教育教学原则，也要体现职业教育本身的特点，主要有以下六项内容。

1. 职业性原则

职业性是指应使受教育者在全面发展的基础上，获得与经济建设具有极为密切关系的相关职业所需要的职业知识、职业能力和职业道德，即成为具有全面素质和综合职业能力的应用型和实用型的职业人才。职业性原则由职业教育的性质、任务决定。

职业教育的职业性具体表现在：教学目的的服务性，即教学是使学生掌握一定的职业知识和职业技能；教学对象的就业性，即职业教育从某种意义上说就是促进就业的教育；教学内容的专业性。

贯彻此原则，应当做到以下3点。

（1）从学生入校起就要根据未来职业的需要进行职业定向和职业指导，明确本专业学生未来所从事的职业范围和职业要求，以及适应未来职业要求的知识、能力结构、素质和情感态度。

（2）教师在教学中要加强思想教育工作，搞好职业道德、职业纪律教育，对学生进行敬业爱岗的职业道德教育。

（3）在校期间，教学工作要以专业课程教学为主，着重培养学生的专业知识和专业技能，以养成良好的职业习惯，为学生就业和将来职业转换创造条件。

2. 实践性原则

实践性即教学要以职业实践为出发点，并作为教学工作的导向和最终目标。在职业教育中，对学生实践能力的系统培养是第一位的，学生是否需要，或需要在多大程度上接受系统化的理论教育，应完全取决于学生未来工作的岗位要求。任何脱离工作岗位实践需要的、对教学的理论程度和理论教学的程度和系统的过高要求，都是违背职业教育的总体目标的。

贯彻此原则，应该做到以下3点。

（1）教师在教学中必须做到理论与实际相结合。教与学的双方都应当自觉地去完成这个联系的过程，即教师要理论联系实践地教，学生要理论联系实际地学，做到学用一致，学以致用。理论教学必须要以实践教学的需要为依据，实践教学又要在理论教学的指导下有效开展，做到"教中做、做中教"和"学中做、做中学"，达到"教、学、做"为一体，推行理实一体化教学，让学习过程依照职业的工作过程展开，以便获得完整的职业行动能力。

（2）充分发挥实践教学场地的作用，包括实习车间、校内外实训基地等。学生实践能力的高低，是评价职业教育教学质量的重要指标。为了最大限度地培养学生的职业实践能力，缩短学生从毕业到独立顶岗的适应周期，应当充分利用校内外实习基地，对学生进行与现实生产或工作相一致的有针对性的培训，尽量让学生亲自动手实践，使学生不但具备在学校模拟工作环境中的经验，而且具备一定的实际工作经验和一定程度的关键能力。

（3）教师应具备一定的、与所教学生的专业一致或相近的职业实践经验，了解学生毕业后所从事工作的实际要求，包括劳动生产技术、人员组织管理情况和行业发展的现状等。其中，实习指导教师要有娴熟的操作技能、较强的本专业实践能力和必需的工作经验，专业课教师虽然不需要在特定的专项技能上达到很高的要求，但应当对所教专业职业领域内的技能点都有所了解，并能完成基本操作。

3. 系统性原则

职业教育的培养目标是培养生产、建设、服务和管理第一线的专业技术技能人才，通过职业分析所得到的职业岗位的要求，对从业能力具体、完整的说明，其各项内容之间具有一定的逻辑关系和内在联系。因此，要求职业教育的教学工作必须按照职业岗位能力的内在联系，系统地进行。

贯彻此原则，必须做到以下3点。

（1）教师要了解职业岗位与培养目标的总体要求，了解各个教学内容之间的逻辑关系，了解专业理论教学内容与职业岗位要求间的具体联系。

（2）在职业教育的教学过程中，尽可能注意全面、系统地培养学生在"学习或获取必要的资料信息、制订可行的工作计划、做出行动的决策、实施工作计划、在工作中控制保证质量和评价工作成就"6个方面的能力，以形成系统、完整的职业实践能力。

（3）应处理好专业、专业基础和文化知识教学与"系统性"的关系。在职业教育中培养学生具有该职业的完整、系统的从业能力是一个大的系统。在从业能力这个大系统中包含许多元素，如动物科学专业需要一定的数学和化学知识，这里的数学和化学是畜牧兽医专业这个大系统的组成元素。由于现代科学技术的高度发展，这些元素本身各自早已发展成为较为独立的、结构相对完整的学科系统。但就职业教育而言，这些学科系统只能是从业能力这个系统的完整性，而不是子系统如化学等学科教学的完整性，否则就会混淆全面和局部的关系。

4. 可接受性原则

可接受性原则，就是要求教学的内容、深度和广度，教学的方法以及教学组织形式等，符合学生的年龄、心理特征和文化知识水平，使学生在可承担的学习压力下，尽可能多地获得职业实践能力，并保持较高的学习热情。职业教育的教育目标、职业学校的客观教学条件和职业学校学生的文化基础以及兴趣特长等诸多因素，决定了在职业教育教学中贯彻可接受性原则具有重要的理论和现实意义。

为此，应当做到以下 3 点。

（1）教师应当具备良好的教学理论基础和相应的实践能力，即具备"双师"素质。在科学技术高度发展，职业教育教学内容日益复杂的今天，职业教育教师必须通过必要的教学简化过程，把教学内容集中到最主要的专业内容上，并使学习难度与学生的接受能力基本一致。教学简化包括水平简化和垂直简化，水平简化是对教学内容的精简过程，即选择与培养目标相当的教学内容；垂直简化是通过适当的教学媒体和语言表达方式等手段，把教学内容的难度降低到能被学生接受的程度。教学简化是在教学实际中运用教学论原理的核心。

（2）教师应了解学生的基本情况，如家庭背景、所处的社会环境、班级风气以及对所学专业的认识和态度等，准确地估计学生的实际学习能力，科学地检查学生的现有水平，掌握职业学校学生的心理特征以及职业能力的形成规律，为准确进行教学简化打下基础。

5. 直观性原则

直观性是指外界事物作用于人的感觉器官而在大脑中产生的感觉、知觉和表象。人们的认识活动是从这些具体的感觉、知觉和表象开始的。实践表明，职业教育的教育对象，主要具有现象思维的特点。不论是在技工学校、职业高中、中专学校等中等职业学校，还是在高等职业技术学院学习的学生，与相应层次的普通高中以及普通高等专科、本科的学生相比，是同一层次类型的人才，没有智力的高低贵贱之分，只有智能的结构与智力的类型不同。所以，职业教育与普通教育的培养对象在智力类型上的差异，决定了两类教育的培养目标的差异，即两类不同类型的教育。

为贯彻此教学原则，必须做到以下 3 点。

（1）在教学中，教师要尽可能地利用直观教学手段，减少学生学习和认知过程中的困难，帮助学生建立起实践经验和理性思维的联系。教师还应当重视直观教学媒体的运用质量，在熟练使用传统的挂图、模型、幻灯、投影仪等教具的同时，充分利用现代科学技术提供的多种直观化可能性，如张贴板、现代音像技术和计算机辅助教学等技术设备，使教学直观化过程达到较高的水平。

（2）在教学中不同专业领域、不同职业和生活经历、不同年龄甚至不同年级的学生对直观教学手段的要求是不同的。因此，直观教学要有目的性，不流于形式，为直观而直观。直观是手段，不能把教学中的观察停留在现象上。应通过直观观察调动学生的思维活动，使学生通过分析、比较等思维和推理方法，从表象上升到概念。

（3）注意直观与抽象的结合。直观毕竟不是目的，应注意培养、开发学生的抽象思维能力，特别是对技术或经营过程中的抽象思维能力和创新能力。

6. 生产与教学相结合原则

生产与教学相结合是指在保证完成教学任务的前提下，进行一定的产品生产、技术推广和实业服务，做到培养人才与创造财富兼收并得。产教结合、校企合作，既使学生加深理解并运用了所学专业知识，又培养了他们的操作技能和解决生产（工作）实际问题的能力，也是一次职业素质的训练，同时可以创造一定的产品为国家增添物质财富。产教结合，是教育与生产劳动相结合的具体体现，是理论与实践相结合的高级形式，是职业学校中教学的突出特点，是教学特别是专业课教学和实践教学的重要原则。

为贯彻此教学原则，应当做到以下 5 点。

（1）建立和完善相应的实习基地，包括各类校内实习场所、校内外实习实训基地，特别是生产性实训基地的建设。

（2）要使生产产品与实习课题相结合。

（3）要使指导教师与现场员工密切配合，学生既是学徒，也是员工。

（4）要善于运用实习和生产的各种教育因素对学生进行职业道德、职业技能和操作能力的教育。

（5）要有明确的教育目的和要求，有明确的生产任务和要求，并建立必要的指导组织和规章制度。

（二）职业教育教学原则的特点

教学原则贯穿于教学活动的整个过程，对教学中的各项活动起着指导和制约作用。职业教育的教学原则主要有以下三大特点。

1. 职业教育教学原则具有理论与实践相结合的特点

职业教育具有极强的职业定向性，即明显地体现了直接为产品生产和社会服务的特征。因此，学生在掌握理论知识的同时，必须按专业特点参加大量的专业实践活动，促使他们善于在理论与实际的联系中理解和掌握本专业的基础理论知识，培养操作技能和实际应用能力，增强对未来工作的适应性。

2. 职业教育的教学原则具有"产、学、研、训"相结合的特点

"产、学、研、训"相结合的原则是职业教育特有的内在规律在教学上的反映，也是职业教育教学过程和科学研究相统一的反映，同时也顺应了当前世界职业教育改革的新潮流，充分体现了职业教育的特色，将学校与社会密切联系起来，改"封闭型"办学为"开放型"办学。

3. 职业教育教学环境的实况性、可操作性

职业教育教学以实践教学为主，这也就决定了职业教育的教学环境大多以真实生产环境或模拟性的实习车间为主，在这种仿真教学环境中，学生可以"看、摸、试"实际的机器设备等。

二、职业教育专业教学论

职业教育专业教学论是指研究如何在科学定向的基础上确定教学对象和教学内容，制订教学法方案。专业教学论是基于某一专业领域或方向，关于教与学的理论与实践的一门学科，它是教学论具体化的体现，涉及单个和多个科目。专业教学论还涉及对职业岗位的能力分析及开发。专业教学论必须根植于专业科学之中，并要基于教育科学。专业教学论的研究需要专业科学方面的专家和教育科学专家合作。职业教育教师执业的前

提条件是专业学习，当然包括专业教学论的学习。

专业教学论研究和教学的对象不仅是专业学科知识，而且更重要的是建立专业职业领域中职业教育、工作与技术之间的复杂的相互关系，这是专业教学论与普通教学论的一个非常重要的区别。

（一）专业教学论的地位和功能

在德国，职业教育专业教学论是职业教育教师培养培训方案中的核心课程组成部分，其目的旨在培养或提高教师从事专业教学的能力。通常与专业教学论相关的课程还包括教学论或普通教学论、职业教育教学论或技术教学论、专业教学实习等，专业教学论一般采用小班研讨的方式。如以不来梅大学学士学位职教师资培养方案为例，整个方案中职业教育专业教学论模块学分数占到教育类课程的1/3，由此可见，专业教学论相关课程是职业教育师资培养的重要组成部分。

通过专业教学论课程的学习，来促进接受职业教育师资培养或培训者的专业教学能力，具体表现在以下3个方面。

（1）认识或掌握职业学校与某一职业领域相关的课堂环境，学习内容的教学原理及课堂教学问题分析。

（2）能根据职业学校培养方案要求，把专业学习内容融于具体的课堂教学，同时还能选择合适的教学内容及相应的课堂项目形式。

（3）能采用多种不同方法，对学习内容进行灵活、有效的整合和利用，包括使用教学媒体和制定课程教学策略。

（二）专业教学论的研究内容

专业教学论应当与职业教育专业领域或方向相结合。正如德国职业教育界许多专家所认为的，没有职业教育专业领域或方向作为基础，专业教学论就无从谈起。根据陈永芳博士的观点，专业教学论主要研究如何在科学定位的基础上确定教学对象和教学内容、制订教学方案。由于不同专业有其对应的专业知识特点和能力要求，其教学论的考虑必定有本专业的特色，因此，各个专业有其对应的专业教学论。专业教学论研究和教学的对象不仅是专业学科知识，而且更重要的是建立专业领域中职业教育、工作与技术之间的复杂的相互关系，这是专业教学论与普通教学论的一个非常重要的区别。

（三）专业教学论与专业教学法

在我们看来，专业教学论与专业教学法是不等同的，专业教学论重点是基于职业教育专业领域对于职业学校相关专业课程课堂教学活动进行的原理或理论的分析、解释。专业教学论包含了专业教学法的内容，专业教学法是专业教学论的具体实践部分。专业教学论与专业教学法的关系类似但有别于学科教学论与教材教学法的关系，如图1-1所示。专业教学法侧重于针对一门或数门专业课程内容，具体落实其教学形式、方法、策略、途径和手段，从而达到理想的教学效果。它对于在职教师开展相关培训来说富有成效。

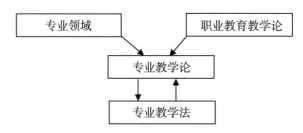

图 1-1 专业教学论与专业教学法的关系

三、职业教育教学方法与教学艺术

教学方法是师生为达到教学目的而开展教学活动的一切办法的总和，既包括教师的教法，也包括学生的学法，是教法与学法的统一。职业技术教育的理论教学方法，是师生按照一定的途径，获得所期望的某一课程的学习成果的一般行为方式。

（一）教学方法设计

根据本专业的培养目标，在课程教学实施时注重学生创新能力和相应技术的培养。教学方法采用以教师加强科学引导，学生自我构建知识技能体系并对关键技术反复训练的方式。

选择教学方法时，应考虑不同的信息接受方式对学习带来的不同影响。研究表明，从不同途径获取的知识，给人留下的记忆是不同的。一般而言，更生动更多样化的方式，可使人们更好地记忆，而主动地思考和参与比被动地接受效果更好（表 1-1）。

表 1-1 学生信息接受的方式与记忆效果

信息接受方式	记忆效果（%）
阅读	10
听和说	20
看	30
听和看	50
自己叙述	70
自己的考虑或实施	90

参考资料：肖调义等，2012。

在选择和组合各种教学方法的同时，必须考虑以下几个问题：在教学途径方面，是"向书本学"还是"在做中学"；在教师对学生的指导方面，教师作为知识的传授者应该在课堂上发挥明显的主导作用，还是鼓励学生自由地提出问题、采取行动并解决问题；在学生获取知识方面，是应该鼓励学生通过自己探索进行发现或学习，还是希望学生通过接受式的学习得到发展。究竟侧重于哪些方面，取决于所传授知识的特点、学生的认知方式、教学目标、教学条件等诸多的因素。

（二）教学方法的运用

课堂教学是中职教育课程改革的关键环节。中职学生虽然文化基础相对较弱，但他们的智力与思考能力并不比普通高中的学生差。根据中职生的特点，课堂教学改革的中心，就是要安排更多的时间让学生通过动手而非死记硬背来学习，同时让课堂变得生动灵活。

1. 灵活运用多种教学方法

课程教学贯彻"以学生为中心，课程项目为主线，理论与实践并重"的教学原则。根据各项目单元教学内容的不同，灵活运用不同的教学方法。

案例教学：经常利用生产中所发现的问题（案例），让学生展开课堂讨论，思考解决问题的途径和方法，刺激学生学习的积极性，提高学生思考问题、分析问题、解决问题的能力。如在介绍精液保存内容时，先提出教师在 20 世纪 80 年代推广猪人工授精时遇到的猪精液保存效果问题，组织学生根据教材内容，收集资料，讨论应从哪些方面思考解决问题的方法，怎样进行试验设计。最后教师点评当时是如何先分析影响因素，最后通过对比试验，选出了理想的保存条件，并指出试验必须具备的工作态度。

"启发与互动"教学：精心准备项目内容，除了给学生必要的提示以外，其他的内容留给学生自己查找相关资料，以减少讲课时间，提高教学效率，培养学习能力。巧妙设计课堂教学环节，带着问题结束课堂教学，将学习任务延伸到课堂之外，延伸到校园之外，学会预习、复习，做好课堂笔记，做好学习总结，教师也设计了相应的检查方式。通过提问、讨论、答疑、专题讲座等方法丰富教学环节，提高教学的实际效果。如在讲授精液保存方法时，先提出我们在推广牛细管冻精时出现的解冻后不能保存的问题及对农村散养条件下推广人工授精技术的影响，再介绍当时我们从哪些方面分析产生该现象的可能原因，再提出如何通过试验很好地解决了该问题，并有所创新。

任务驱动教学：经常利用为养殖户技术服务的机会，设立不同的任务来驱动学生参与实践。如带学生给养殖户进行奶牛的难产助产手术，到奶牛场实施繁殖障碍疾病的诊断和治疗技术以及人工授精技术传授，提高学生的动手能力。

围绕生产布置作业：通过布置作业来督促学生学习，并检查和及时改正教学中存在的问题，帮助学生消化课堂内容。在布置作业时，要强调联系生产实际，围绕生产中遇到的问题，要求学生提出解决的方法。

激励与鼓励教学：学生的优秀作品在课堂上公布或作为实训项目的参考方案。利用多媒体教学软件演示学生的操作过程。抓住一切机会发现学生的闪光点，不吝啬溢美之词。针对不同内容、不同的难易程度和不同学生，采用灵活多样的教学方法。

边做边学教学：从实例引入，在实训场所边讲边做，学生通过饲养动物自己总结得出结论，由浅入深，从感性认识上升到理性认识，再多重循环，并以能力培养为中心，讲、练、做相结合。

演示教学：在教学中，教师对一些难以理解的现象和实验给予演示说明，使学生进一步掌握知识要点。以人工采精为例，教师演示采精过程，学生则可以从现场的观看中把理论与实际联系起来。

辩论式教学：在课堂上，教师在学生掌握一定的基本理论知识后，在教学中选择概念容易模糊的问题，将学生分组进行辩论，使学生在辩论中加深对养殖技术知识的理解和认识，提高对实际问题分析判断的能力，增强对技术的运用能力和口头表达能力。

挑错教学：在实训过程中，提倡相互挑错，通过人为设置故障，提高学生发现问题、分析问题、讨论问题和解决问题的能力。

演讲教学：项目完成后，学生对制作成果进行展示，介绍设计方案特点与故障排除过程。通过演讲，学生进一步厘清思路并提高了口头表达能力。

2. 探索个性化教学方法

针对各专业和课程特点，根据不同岗位技能要求，创造出一些个性化的教学方法。

工作过程型教学：主要通过完成工作任务的过程，形成知识模块，突出知识的系统性与实用性。能快速、直观、全面地了解动物繁殖生产知识模块。重点使学生对各种种畜的发情鉴定、配种、妊娠、分娩流程有快速直观的了解。

项目驱动型教学：以工作任务作为教学的目标，课堂教学和实践教学围绕任务的解决而展开。主要针对综合型项目训练，在真实的工作环境范围下，充分发挥个人的主观能动性和小组的协调合作性。

分层教学：因材施教，根据学生学习基础进行层次化教学，分层次进行专业技能培养。

3. 课堂教学的互动模式

在学生实训过程中，团队的合作交流是一项重要内容，为此在课堂教学中我们注重培养学生对问题解决方案的表述能力，实现思维结果流畅、自然的输出。主要措施包括以下几方面。

（1）提出待解决的问题，给学生一定的时间对问题进行研究，并为解决问题而自主学习相应的新知识，培养学生研究性学习及探究性学习的能力。

（2）分解待解决的问题，组织学生学习小组。每个学习小组分别解决不同的问题，就学习结果进行"头脑风暴"式的讨论，充分调动学生的学习积极性和协作学习能力。

（3）组织学习报告，要求学生就自己学习新知识的体会进行公开表述或演示，其他学生对报告或成果做出积极的反应。

（三）课程教学方法的实施

课程的每一个学习情境实施都包括项目准备、演练项目、正式项目三个阶段。在项目准备、演练项目阶段可以综合运用讲解、实验、仿真等教学方法，实验用来对抽象的原理进行验证、演示，通过实验验证不合理的操作导致的后果，给学生以感性认识，在此基础上教会他们正确的操作方法。在正式项目阶段，使用项目教学法和引导文教学法，目的是引导学生独立工作。如图1-2所示。

1. 突出学生的主体地位

创新能力的培养是技能教学的精髓，实现以学生为主体，教师为主导，营造创新的课堂环境，注意调动"教"与"学"的双向积极性，使学生始终保持强烈的求知欲，这是实施创新教育的基本要求。比如在"饲料营销员"学习情境教学中，为了培养学生的社交能力、组织能力、口头表达能力和团结协作的精神，教学中实行"师""生"换位。在具体操作上，首先给学生布置市场调查任务，完成调查报告，通过评优后，让优秀者讲解饲料营销方案设计的要求及技术要领，在此基础上进行设计方案的讨论与评

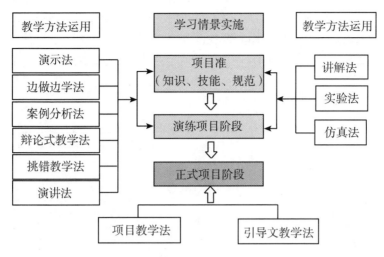

图 1-2　教学方法的运用

估。通过对饲料营销市场调研与营销技巧的认识和理解，学生插上了想象的翅膀，创新思维喷薄而出，富有创意的作品油然而生。整个教学过程中，学生主体地位与教师引导作用相得益彰地充分展示。

2. 加强教师的科学引导

在教学中，教师首先按照学习情境引导学生了解每一个阶段的任务和目标，以利于发挥学生的主观能动性。教师在教学中努力成为学生的良师益友，尤其重视对学生的激励，为他们传授方法、技巧，改授"鱼"以"渔"，全方位培养他们的创新能力，使其现在与未来、个人与社会捆绑在一起，借此增强学习的使命感，并把亲情寓于传道、授业、解惑的过程之中，如图 1-2 所示。

（1）重在激励。在教学中，教师要注重通过"微笑教学"把期望与信任带给每个学生，用民主激励创设欢乐的教学氛围，让学生轻松快乐地学习。教师常用激励的语言和方式，满足学生成功的心理需要，克服学生的畏难心理，使学生人人都感到"我行""我能"，从而使学生最大限度地发挥创造的潜能。如在家畜饲养员教学中，教师有一句口头禅："真不错！如果……将更好！"这样委婉地指出学生的问题所在，可避免其自尊心受到伤害而丧失学习的兴趣与自信。

（2）改授"鱼"以"渔"。随着社会的进步和人们生活质量的提高，养殖技术飞速发展，这就要求教师必须教会学生创造性的学习方法，使他们更有"后劲"。在教学中，教师除了运用启发式教学调动学生的积极性以外，还通过布置独立的设计课题以培养学生综合运用所学知识解决问题的能力，鼓励和引导学生通过国际互联网、图书馆、实地调查等途径进行资料收集与分析，掌握世界最新的养殖技术发展动态，通过问题教学法、课堂讨论法、个别指导等来启发学生的思维，并及时给予学生必要的帮助，因人而异地提供一些技能、技巧和方法，特别是最新的技巧和方法，以引导学生学会发现问题、分析问题、解决问题，从而培养学生独立学习和创新的能力，使他们在今后复杂纷繁的实际工作中，具有更高的综合素质，保持"后劲"十足。

3. 应用性项目直接融工作和学习于一体，提高学生的实际工作能力

"工学结合"是现在中职教育的热门，可如何实现有效的工学结合，真正实现"工学结合"的教学效益，一直是我们需要探讨的。养殖专业的课程因为其技术性、应用性强，在课程教学过程中，可以让学生承接实际养殖项目训练各类应用性技能。例如，肉鸡养殖项目的教学，从前期市场调研到饲养方案设计，直至动物出栏与饲养效果评价，都以学生为主体全程参与，实习效果显著。如图 1-3 所示。

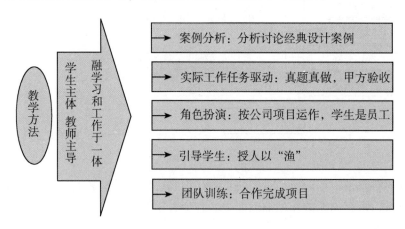

图 1-3　课程基于"工学结合"的教学方法

四、职业教育教学评价

（一）教学效果的评价

教学效果的检查是教学过程中不可缺少的环节。测评学生的学习结果，是学校教育的重要内容。在教学过程中，如何确定学生的知识基础，判断学生的学习状况，确定学生对教学目标的掌握情况，对学生进行比较筛选等，都可以采用测评的手段来完成。教育评价是根据一定的教育价值或者教育目标，运用可操作的科学手段，通过系统地搜集信息、资料并进行分析、整理，对教育活动、教育过程和教育结果进行价值判断，从而为不断完善自我和教育决策提供可靠的信息的过程。

职业学校的教学评价有自己的特点：由于职业学校的专业课与设施、设备、仪器仪表等有更为密切的联系，在评价时必须考虑这些因素。职业学校的学习活动更为多样化，除了理论教学，还有实验实习、课程设计、毕业设计等，这些实践教学活动常常采用分散活动的方式，因此相应的评价更为复杂。随着社会的发展，职业学校的教学目标也不断变化，带来了职业教育课程的不断更新，教学评价具有更大的变动性。

教育评价的功能包括评定功能、诊断与反馈功能、预测功能、激励功能、导向功能、挑选功能、资格证明功能。

在评价的方式上，早期的教育评价主要使用测量、统计等定量分析的方法。其优点是重视了客观性，但教育指标全面量化是不可能的，而且许多用于诊断、改进功能的评价结果也不需要完全量化。因此应该从实际出发，根据不同的评价对象和目的，采用不同的方

法。新的教育理论强调从考试评估转向方法评估，即以论文、计划、报告等课程工作为主。还可用专门的形式，即特定作业，包括学生与导师之间的专题、方法和主题讨论。

（二）课程考核的方式

在实施"能力"为中心的职业教育中，建立新的、系统的、动态的多元考核体系，其考核方式的设计思路如图1-4所示。考核内容必须符合全面、系统、动态和多样的原则。

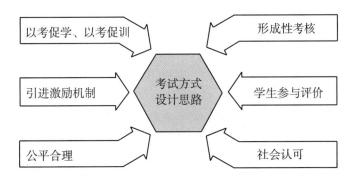

图1-4 课程考核思路

为此，教师通过以下几种考核方式（图1-5）对学生养殖技术的能力进行全面评价。

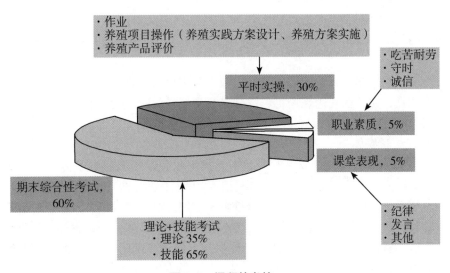

图1-5 课程的考核

第一，笔试"虚"中有"实"，主要通过闭卷形式考核学生对养殖技术基本理论知识、基本技能方法以及养殖的技术要领和注意事项等的领会与掌握，开卷部分则是完成设计方案，画出养殖场设计效果图，主要考核学生的设计能力、绘图能力和创新能力。

第二，实操"实"中务"虚"，学生自行设计、准备材料，在规定时间内完成养殖技术项目操作，写出操作说明（作品创意），目的是检查学生对基本技能的掌握程度与熟练程度，以及学生创造性地完成养殖项目学习的能力。这与国际通用的插花考试形式是一致的。

第三，平时考核常抓不懈，主要根据学生平时作业和每次作品的成绩、考勤、笔记、课堂发言、课前课后的劳动表现等加以评定，这样有助于对学生综合素质的培养。

第四，引入社会评价体系，在课程的后期，直接让学生进行顶岗工作，让企业和社会对其成绩进行直接评价。

这种注重平时成绩的考核体系把考核贯穿于学习的整个过程中，更具有评价的系统性、动态性、连续性和多样性，能更加全面、客观反映学生的真实水平，比较符合创新教育评价体系的基本要求。

五、现代教学媒体应用

媒体源于拉丁语，意为两者之间，即信息在传递过程中从信息源到受信者之间承载并传递信息的载体或工具。具体来说，媒体有两层含义，一指承载信息所使用的符号系统，如语言、文字、声音、符号、图形、图像等，另一类指存储和加工、传递信息的实体，如书刊挂图、报纸、投影片、VCD、DVD、录音带、录像带以及相关设备的播放、处理设备等。

（一）典型教学媒体种类和特点

在教学活动过程中所使用的媒体称为教学媒体。一般来说，承载和传递信息的教学媒体大致可分为两类，即传统媒体和现代信息媒体。

1. 传统教学媒体

传统的教学媒体指我们教学活动中常用的粉笔、黑板、教科书、挂图、标本、模型、实物等。

在传统教学媒体中，教师语言是完成教学最重要的手段，教师利用挂图、标本、模型等直观教具，尤其在利用现场实习设备进行现场教学时，使教学具有生动的形象，且不受时间限制。

2. 现代教学媒体

21世纪以来，利用科技成果发展起来并被引入教学领域的电子传播媒体等为现代教学媒体或称电化教育媒介体，它由硬件和软件两部分组成。硬件指运用声、光、电、磁等科学技术传递信息的设备，如光学投影仪、幻灯机、录音机、录像机、计算机、数字视频展台、液晶投影仪等；软件是指载有教育信息的载体，如投影片、幻灯片、录音带、录像带、磁盘、光盘等。在教育实践中，人们常将两者结合，统称为现代教育媒体。根据现代教育媒体对人类感官的作用，教育媒体可以分为视觉媒体（幻灯、投影等）、听觉媒体（广播、录音、激光唱机、电子音响、电唱机等）、视听觉媒体（电影、电视、录像、VCD、DVD等）和交互媒体（多媒体计算机辅助教学系统、语言实验教学系统、校园网络系统、互联网等）。

计算机教学媒体。如语言实验室、微机教学系统、多媒体电教室、计算机网络机房、闭路电视系统、视听阅览室、校园网。

现代教学媒体优点诸多，一是感官多样化，它能使视觉和听觉同时感受，直观形象地激发学生的情感；二是图像可感性；三是信息丰富性。

传统教学媒体也不是一无是处，如一幅挂图可以从上课挂到下课，也没有时间限制，学生们随时、随情观看、思考，这种延时性的效果，有时现代媒体也难以达到。现代教学媒体和传统教学媒体，优缺点不同，两者是互补的。

媒体的使用也与情境有关。在特定的情况下，使用合适的媒介能发挥最佳作用，而在陌生的情况下，使用该媒体可能存在问题。此外，还与教师使用媒体的感觉有关，例如他们有时会感到从市场上购买的媒体对教学过程并不合适，而学生自身的经验也对媒体的使用有选择导向作用。

(二) 养殖专业的教学环境创设

教学环境是一种特殊的环境，是教学活动的一个基本要素，任何教学活动都是在一定的教学环境中进行的，不可避免地受到教学环境的影响。教学环境包括教学物理环境与教学心理环境。这里我们所探讨的主要是教学物理环境，即师生双方教与学活动所处的客观环境。在专业教学系统中，教学环境特指教室、实验室、实训场所。好的教学环境可以为成功的教学起重要的心理暗示作用。甚至可以成为一种有效的潜在教育手段。而师生共同参与设计、制造的教学环境，作为课堂教学活动的自然延伸，在培养学生的自主性和学习能力方面更是起着重要的作用。

因此，教师在创设教学环境时，应做到以下几点。

1. 建立和谐和融洽的师生关系，全面了解学生

师生关系不仅影响着本学科的成绩，而且对学生的兴趣、爱好甚至对今后的发展都有着重要影响。教师如过分地讥讽、挖苦和责骂学生，会使他们茫然与恐惧，导致他们产生冷漠厌学的心理。因此，只有创设和谐民主的教学氛围，才能缩短师生间的情感距离，使学生能够亲其师，信其道，教师能爱其徒。

一位好教师，在上讲台之前，首先对学生做到心中有数，正所谓心中装着学生，只有细致地把握学生的心理特点、知识基础和智能水平，熟悉他们的内心世界，才能针对学生的特点，恰当地选择和运用科学手段、方法，以便结合教材创设教学情境，这样就更能打动学生、吸引学生，让学生自觉投入学习中来，愉快而牢固地掌握知识、开发智能。

2. 教师要有激情，应具有较高的素质

情境教学的特点之一就是以教师的情感去感染激发学生的情感，使其产生相应的积极的情感体验。教师激情是创设教学情境的重要条件，教学中，教师饱满的激情，无疑会使学生受到感染，促使其自觉地随着教师的引导进入一种积极的学习境界中。

情境教学中，要求教师既要有广博的专业知识，又要有丰富的教学经验，既要有严谨的教风，为人师表的责任感，又要有充沛的热情和民主作风，教师如不具备这些条件，就不能科学地结合教材和学生特点搞好情境设计，自然也就不会取得良好的教学效果。

3. 教师要熟练地驾驭教材，熟练地使用媒体

教学内容是教师创设情境，增长教学效果的主要客观依据。教学中，是否需要设置

情境，设置怎样的情境，以什么样的形式出现，都必须依据教材特点和教学目的，教学要求来决定。因此，教师必须全面把握教材，深刻领会教学内容，才能精心设计。如果对教材吃不透，教师本人都对教学内容感到枯燥无味，体会不出意境，那拿什么去感染学生，激发学生，唤起学生的求知欲呢？只有吃透了教材，才能围绕重点难点有选择、有针对性地组织语言、设置问题、制作多媒体课件，才能驾轻就熟，创设良好的情境，收到理想的教学效果。

教师应当熟练地使用投影仪、计算机等设备，不断地提高自身水平，创设教学情境。学校和有关部门也应加大设施建设，如实习场地、多媒体设备建设，为学生创造更好的教学情境。

此外，教师还应具备多方面技能，如音乐、美术、计算机技术等，教师可以充分利用这些技能手段，营造一种与教学内容相关的情绪氛围，创设理想的教学情境。

（三）现代教学媒体的应用

教师在工作中不断学习、理解和掌握现代教育技术，在教学过程中应用各种现代教育技术手段，充分激发学生的学习兴趣，提高教学效果。

1. 灵活使用现代教学媒体

充分利用多媒体课件、虚拟技术、视频录像、网络课程平台等现代化教学手段（图1-6），生动、形象、直观地展示动物养殖场的工作环境、工作流程、生产过程、操作方法等，图文并茂，声光电并用，使教学过程更加充满吸引力，从而大大提高教学效果。

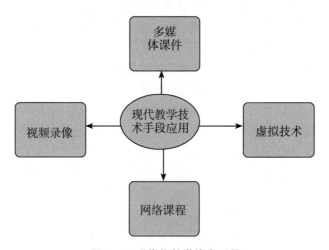

图1-6　现代化教学技术手段

（1）多媒体综合设备。通过多媒体综合设备提供声情并茂、图文并茂、多感官刺激的教学手段，以激发学生的学习兴趣，吸引学生的注意力。例如，图片展示、音视频播放等。

（2）模拟全真的企业应用环境。通过观看动物生产过程的真实情景的视频，使学生有一种身临其境的感觉。

（3）通过课程网站建设，以提高学生学习的自主性和参与性。

（4）建立畅通的信息交换渠道，使学生的学习不受时空的限制。

（5）对重点难点教师演示，增强学生的理性认识。

（6）利用校内养殖场的生产岗位，完成真实的工作任务，体验与实践动物繁殖生产工作。

2. 课堂教学媒体的运用形式

教学组织形式指的是教师以什么形式把学生组织起来，并通过何种形式与之发生联系。课堂教学的形式可分为讲解式授课、课堂对话、独自工作、小组课、模拟和演习等。其中对话反映了师生的互动，更强调学生的探讨，而小组课体现了学生之间的合作与交流，企业（车间）内的教学常常用小组课和独自工作的形式。下面介绍几种常用的教学手段组织形式。

（1）多媒体教学。精品课程建设启动以来，课程组高度重视现代教育技术手段的开发与应用，2008 年即开始制作开发多媒体课件并投入使用，目前本课程统一采用多媒体教学，多媒体教学版面清晰新颖，还可以插入动画和视频资源，调动了学生学习积极性，激发了学习兴趣。为了使学生掌握课程的重点，便于预习和复习，任课教师将电子教案拷贝或复印给学生，使学生可以专心听课，获得更好的课堂教学效果。

（2）网上播放和实验演示录像。教师可将讲课录像、多媒体课件、国内外优秀相关课程资料等建立网络课堂教学资源，引导学生在实验操作前，观看实验演示录像，使学生明确实验目的，增加感性认识，提高实验操作的成功率。

（3）开发虚拟养殖管理系统。学校投资购入养殖场生产与管理等操作软件，并配置电脑建起养殖场生产与管理虚拟实验室，使学生能够在虚拟的实验条件中体验和掌握各种养殖技能，提高了教学效率和质量。

（4）利用网络技术搭建自主学习平台。相关课程可在校园网建立精品课程网页，将课程相关教学资料在校园网上公布，实现优质教学资源共享。上网资源包括电子教案、多媒体课件、习题库、试题库、实训实习项目、课程标准、国家及行业相关标准等，为学生自主学习提供了条件。

（5）利用网络技术搭建师生互动平台。利用 BBS、QQ 及电子邮件为学生提供答疑解惑途径，为师生互动交流提供方便，帮助学生解决自主学习过程中遇到的问题。

项目四　现代职业教育常用教学方法的掌握

一、引导文教学法

引导文教学法，又称引导课文教学法，是借助于预先准备的引导性文字（或表格），引导学生解决实际问题，是一个面向实践操作、全面整体的教学方法。通过此方法学生可对一个复杂的工作流程进行策划和操作。引导文教学最早来源于使用工作手册去解决实际操作的问题，尤其适用于培养专业所需的关键能力，让学生具备独立制订工作计划、实施和检查的能力。当然，引导文教学法也可以用于专业能力、方法能力和社会能力的培养。

（一）引导文教学法的教学步骤（图 1-7）

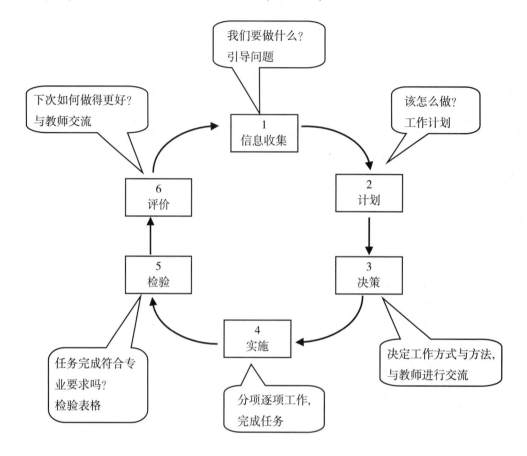

图 1-7 引导文教学法步骤

（二）引导文的构成

引导文的形式决定着教学的组织形式、教学媒体和教材等。不同职业领域、不同工作任务所采用的引导文也不尽相同。引导文通常由以下几部分构成。

（1）任务描述。多数情况下，任务描述是一个项目的工作任务书，可用文字，也可以以图表形式表达。

（2）引导问题。引导文常以问题的形式出现。按照这些问题，学生可以想象出最终工作成果和完成工作的全过程，能够获取必要的信息，制订工作计划并实施。

（3）学习目的的描述。学生应知道在什么情况下就算达到目标了。

（4）学习质量监控单。使学生避免工作的盲目性，保证每一步工作顺利进行。

（5）工作计划。有明确的工作内容和时间要求。一般使用检查表的形式，检查表就是完成主题的步骤。

（6）辅助材料（称为陪伴学员材料）。包括操作中需要的工具、材料与专业信息。当然，为更好地促进学生学习能力的发展，最好不提供现成的信息，而只是提供获取信息的渠道。信息的主要来源有专业杂志、文献、技术资料、劳动安全规程、操作说明书、企业内部经验等。

(三) 引导文教学法应用举例

1. 家禽孵化教学中的引导文教学法（应用一）

（1）题目。孵化机的使用。

（2）教学对象。养殖专业三年级学生。

（3）教学目标。

[知识目标] 了解家禽孵化的 5 个条件，孵化机的构造，家禽孵化效果的检验方法。
[能力目标] 不仅教会学生家禽生产的相关专业知识与技能，更要培养学生从事家禽孵化岗位的专业技能，如：
- 能够为孵化机设定参数
- 能够处理孵化机常见故障
- 能够通过照蛋操作来检验孵化效果
- 能够处理孵化中的意外事故（比如停电）

[态度目标]
- 培养严谨、认真、守时的工作态度
- 培养安全生产意识
- 培养学生的社会交往能力、组织协调能力
- 培养团队合作精神和对团队负责的意识
- 加强学生心理素质的锻炼

孵化机

蛋车

照蛋枪

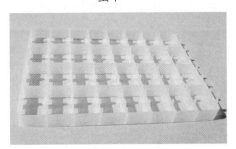
蛋盘

图 1-8 孵化设施

（4）教学媒体。除传统教学媒体如教师语言、黑板等外，采用现代教学媒体，实行多媒体教学。

（5）教学工具。孵化机、照蛋器材、孵化机使用手册等。

（6）引导文。

家禽孵化机的使用

姓名_____ 班级_____ 日期_____

有关本题目的相关信息可以通过以下方式查找：
http：//www.taiyangkeji.com/；
http：//www.dzfuhuashebei.com/；
http：//www.dzfuhuashebei.com/；
龙明珍，2002. 禽的生产与经营 [M]. 北京：高等教育出版社；
丁国志，2007. 家禽生产技术 [M]. 北京：中国农业大学出版社。

请你简要地回答以下问题：
（1）家禽包括_____等。
（2）鸡的孵化期是_____天，影响孵化期长短的因素包括_____。
（3）使用孵化机是属于_____孵化。
（4）孵化机有_____与_____两大类。
（5）孵化机的主体结构包括_____，控制系统包括_____。
（6）如果我们一次没有足够的种蛋，或者一次不需要太多的鸡苗时，通常采用分批次上蛋，那么我们应该采用_____孵化方法。请你为这种孵化方法设定合适的孵化参数。

孵化参数	孵化机中	出雏机中
温度（℃）		
湿度（%）		
翻蛋次数（次）		
通风量（m³/h）		

（7）孵化机有几个报警装置？

（8）上述报警装置出现报警时采取的措施是什么？

（9）孵化的不同时期如果出现停电，怎么办？
前期_____，中期_____，后期_____。

（10）你知道要在什么时间进行照蛋操作？能够观察到什么？这样做的意义是什么？

照蛋的时间	胚胎的形态	照蛋的意义

(11) 孵化机内的温度变化太大，对孵化的效果影响很大，我们要求在_____范围。

请你设计一个简单的方法，去检验一下你面前的这台孵化机在温度方面是否满足了孵化的要求？

(12) 请你简短地介绍一下孵化机的控湿原理，并画一份简单的草图。

(13) 最后需要你就最近一次的孵化情况，分析一下这次孵化的效果如何？其中应该包括一个胚胎死亡曲线。

死亡率（%）

孵化期（d）

（7）评价。根据表 1-2 的标准检查与评价你使用孵化机的结果情况。

表 1-2　使用孵化机的结果评价表

评价项目	对我来说什么是成功的？	对我来说什么是不很成功的？
在孵化机的构造方面		
在孵化机的调控方面		
在孵化机的故障处理方面		
在孵化过程中意外处理方面		
孵化的最终效果		
在专业学习方面		
其他方面		

请学生与教师讨论学生的结果检查表。

2. 猪场防疫教学中的引导文教学法（应用二）

（1）题目。猪场的免疫与接种。

（2）教学对象。养殖专业二年级学生。

（3）教学目标。

［知识目标］了解猪场免疫接种的基本知识、常用免疫接种方法和提高猪群免疫效果的措施。

［能力目标］培养学生从事猪场防疫员岗位的专业技能，如：
- 能够鉴别疫苗质量
- 能够运输与保存疫苗
- 能够使用疫苗
- 能够正确选择疫苗，规范操作程序
- 能够制定猪群的免疫程序

［态度目标］
- 培养防疫员的职业道德意识
- 树立"养重于防，防重于治"的防疫理念
- 培养严谨、认真的工作态度
- 培养学生的组织协调能力
- 培养学生的团队合作精神和对团队负责的意识

（4）教学媒体。采用现代教学媒体，实行多媒体教学与现场（猪场）教学。

（5）教学工具。猪的各类疫苗（图1-9），注射器、消毒工具、疫苗、耳标、耳号钳和疫苗使用说明书等。

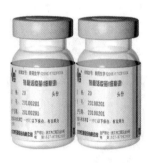

图1-9 疫苗样品

（6）导言。猪场的防疫人员经常要面临各类疫病在猪场发生的风险。为此，防疫人员要经常性的制定防疫对策并检查落实，例如，威胁最大的有猪瘟、口蹄疫、蓝耳病，以及难以在猪场根治的喘气病等。

动物防疫的措施通常包括消毒隔离、免疫接种、药物防治。免疫程序是根据猪群的免疫状态和传染病的流行季节，结合当地的具体疫情而制定的预防接种的疫病种类、接种时间、次数及间隔等具体实施程序。

和你的同学一起针对某个猪场的疫病，制订一个免疫的计划和防疫工作计划。在此过程中，你的计划要符合这个猪场的实际，要满足当地、当时的防疫需要，更要符合《中华人民共和国动物防疫法》的基本要求。

（7）学习目标。对当地的疫情进行了解；对猪场的疫情历史进行了解；对疫苗的

运输、保存和使用进行了解；在猪场贯彻《中华人民共和国动物防疫法》的要求；选择合适的疫苗，编制免疫接种程序，并实施；检查与评价你的工作结果。

（8）辅助资料与手段。包括以下参考资料及网址。

王燕丽，李军，2009. 猪生产［M］. 北京：化学工业出版社；

吴建华，2002. 猪的生产与经营［M］. 北京：高等教育出版社；

《中华人民共和国动物防疫法》，教师的指导，猪场技术员与饲养员的辅助手段；

http：//www.fsdjw.gov.cn/brow.asp？id＝9065，http：//www.cnaho.com/，http：//www1.zhue.com.cn/。

（9）引导文。

猪场的防疫活动

（1）你的任务是：制定猪场的免疫接种程序。
请在下列信息中挑选出对与上述任务至关重要的信息。
猪群数量；猪群年龄；猪场卫生状态；猪场防疫制度；当地的疫情；猪场的历史疫情；疫苗的有效期；疫苗的价格；疫苗的效价；疫苗的使用方法；猪群的抗体水平监测结果；当地省（区、市）动物防疫部门制定的免疫程序；本猪场的综合防疫条件。

（2）疫病发生的情况决定免疫接种的类型，请举例说明。

（3）不同的疫苗使用不同的接种方法，请举例说明（必要时详细说明）。

（4）哪些疫病是《中华人民共和国动物防疫法》规定进行强制免疫的？

（5）疫苗要如何规范使用？详细说明。

（6）猪场的综合防疫条件包括哪些？请举例。

（7）哪些疫病是季节性发生的？请举例。

（8）哪些疫病是在特定的猪群中发生？请举例。

（9）请提出对该猪场的防疫建议。

（10）本省或本市（县）的动物防疫部门制定了哪些疫病的免疫程序？

（11）请制定一个供本猪场使用的可行的免疫程序。

猪群类别	接种时间	疫病	疫苗使用方法

（12）请你向指导教师或者你的小组成员解释或说明你的建议（方案），并记录他们的调整建议。

（13）请检查猪场现有疫苗的库存数及有效期，制定一份疫苗采购（预订）清单。

（14）实施你的预防接种免疫计划，在实施前请你说明人员工作任务分配情况、工作步骤、时间安排（时间跨度可以是 1 周）。与你的指导教师商量实施的工作计划。

（10）评价（表1-3）。

表1-3　结果评价表

评价项目	对我来说什么是成功的？	对我来说什么是不很成功的？
疫苗的选择		
对疫病的治疗效果		
预防接种程序		
在专业学习方面		
其他方面		

3. 饲料加工教学中的引导文教学法（应用三）

（1）题目。秸秆的氨化处理。

（2）教学对象。养殖专业二年级学生。

（3）教学目标。

[知识目标] 了解粗饲料的加工处理方法、秸秆的氨化处理的意义。
[能力目标] 培养学生从事饲料加工与调制的专业技能。例如，对稻草能够进行氨化、碱化、微生物发酵等处理。
[态度目标]
- 树立可持续发展畜牧业的理念
- 培养严谨、认真的工作态度
- 培养学生的组织协调能力
- 培养团队合作精神和对团队负责的意识

（4）教学媒体。采用现代教学媒体，实行多媒体教学与现场教学。

（5）教学工具与流程。教学工具主要包括稻草、氨化池、尿素或其他铵盐等，其操作流程如图1-10所示。

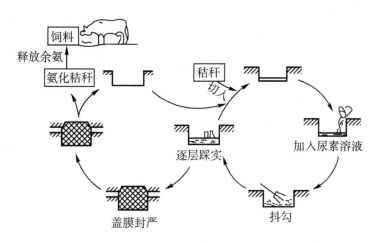

图1-10 尿素（碳铵）氨化秸秆流程图

（6）导言。粗饲料来源广、数量大，主要来源是农作物秸秆秕壳，总量是粮食产量的1~4倍之多。据不完全统计，目前全世界每年农作物秸秆产量达20多亿t，我国每年产5.7亿t。野生的禾本科草本植物量更大。在这些无法为人食用的生物总量中，却蕴藏着巨大的潜在营养。因此，若对其进行适当的加工处理并运用于畜牧业生产，必将获得巨大的生产、生态、经济和社会效益。长期以来，如何开发利用这类饲料，是众多畜牧学家和动物养殖经营者都关注的问题。

你和你的同学一起针对本省大量的稻草（或小麦）秸秆，制订合理利用的计划和准备。在此过程中，你的计划要符合当地牛羊养殖的实际情况，要符合本省或本地区对农作物秸秆利用的发展规划。

（7）学习目标。对当地的秸秆利用情况进行了解；对当地的秸秆作为动物饲料利用的情况进行了解；了解秸秆饲料化利用的方法；掌握秸秆氨化的操作方法；了解氨化饲料的使用方法；检查与评价你的工作结果。

（8）辅助资料与手段。包括以下参考资料和网址。

邱以亮，2006. 畜禽营养与饲料（第2版）[M]. 北京：高等教育出版社；

李军，王利琴，2007. 动物营养与饲料 [M]. 重庆：重庆大学出版社；

教师的指导；

参考网址：http://www.agri.com.cn/keji/2003/12/23/235171.htm，http://www.hnep.com.cn/，http://www.feedtrade.com.cn/，http://www.xumu.com.cn/。

（9）引导文。

对粗饲料进行合理利用的活动

（1）你的任务是：制作氨化饲料。

请在下列信息中挑选出对与上述任务至关重要的信息。

粗饲料的种类；稻草（或小麦秸秆）的产量；稻草（或小麦秸秆）的价格；稻草（或小麦秸秆）在牛羊饲养中直接作为饲料的效果；稻草（或小麦秸秆）氨化后作为牛羊饲料的效果；本省或本地区对农作物秸秆利用的发展规划；尿素或铵盐的含氮量；尿素或铵盐的价格。

（2）粗饲料有哪些加工方法？请举例说明。

（3）请计算制作 1 t 氨化稻草需要多大的氨化池（窖）？

（4）请计算制作 1 t 氨化稻草需要多少尿素或铵盐？

（5）请你简要地说明一下，将稻草氨化有哪些好处？

（6）请你列出制作氨化稻草需要的材料清单与工作步骤，然后实施你的制作计划。

材料	价格	数量

（7）请你列出氨化稻草的质量标准，并对照你的产品是否符合相关标准。

（8）饲养场使用你的氨化稻草时，你能给他们一些建议与忠告吗？

（10）评价（表1-4）。

表1-4　结果评价表

评价项目	对我来说什么是成功的？	对我来说什么是不很成功的？
整体结果		
材料准备		
制作步骤		
人员分工合作		
氨化稻草的质量与饲养效果		

与你的指导教师讨论你的评价结果。

二、角色扮演教学法

角色扮演（Role-playing teaching，RPT）是指根据被试者可能担任的职务，将被试者安排在模拟的、逼真的工作环境中，要求被试者处理可能出现的各种问题。在扮演过程中参与者假设思考和行动的虚拟情境，并在限定时间内体验、讨论和解决某一个问题（或者完成某一任务）。

角色扮演教学是指教师在教学中提供一个真实的、涉及价值争论的问题情境，组织学生对出现的矛盾进行分析，并且让他们扮演其中的人物角色，尝试用不同的方法解决问题，从而使学生逐步学会解决各种价值冲突，树立正确的价值观念，并且养成良好社会行为的教学过程。由于这种教学能够向学生提供比其他教学模式更大的思考空间和更多的表现机会，所以一直被国外教学改革的倡导者们所青睐。

（一）角色扮演教学法的教学步骤

角色扮演是一种以培养学生正确的社会行为和价值观念为取向的教学模式。它的实施过程以真实情境为主线，通过学生对人物角色的分析和表现，达到提高社会认知水平，解决价值矛盾冲突，进行自我人格反思的教学目的。教学程序包括动机激发、"演员"选拔、场景筹备、"观众"培训、情境表演和问题总结等环节。该模式使用的难点在于问题情境的创设、教学时间的筹划和学习成果的评价。其教学步骤如下。

第一步，学生通过在小组中计划、组织并执行角色扮演。教师依据养殖企业工作要求和课程标准设置教学的重点与难点，根据与岗位任务相关度制定评分标准。以养殖企业为背景，以生产岗位工作内容为任务，以小组为单位，各组轮流表演，课前全体组员讨论准备"剧本"。一旦任务被辨析、理解并细化后，小组必须推选游戏的参与者并填补到相应的空位中。

第二步，小组发展一个路线计划来解决现存问题。行动小组以外的参与者则扮演监督者的角色，他们可以在之后的评判过程中持"客观"的态度。

第三步，计划阶段之后开始真正的角色扮演。在行动和交流中，挖掘各种可能的方案，并找出最佳解决方案。

第四步，针对角色扮演开展小组讨论和评估，以获得和了解更为详细的内容。

规模的大小对角色扮演会产生影响，例如，调整角色或者引入其他的情境。并且，在角色扮演过程中出现计划外的情况时，小组要特别地加以讨论。

通过对一个可能的解决方案的综述，可以促进此次角色扮演的完成，并最终得到一个总结。这个总结旨在让参与的学习者对所经历的行动有个全面的了解，更深入地解释各种行动。

（二）角色扮演的教学阶段

（1）介绍阶段。介绍工作起点（引言），辨别要解决的问题。

（2）解决阶段。收集材料为角色设定工作任务描述。必须用相应行动来完成角色工作任务。

（3）讨论阶段。通过小组会议展开参与者自身的陈述。通过讨论达成共识。

（4）反思阶段。为什么所扮演的角色是这样行动的？

（5）评估阶段。观点是怎么受影响的？

（三）角色扮演教学法应用举例

1. 《猪生产》教学模块中的角色扮演教学案例

猪场饲养管理工的工作与职责如表 1-5 所述。

表 1-5　猪场饲养管理工的工作与职责

教学内容		猪场饲养管理工的工作与职责
工作任务		能够按照猪场《饲养管理技术操作规程》完成一个万头猪场内各岗位人员的岗位职责
教学对象		中职养殖专业二年级第 1 学期学生
教学目标	认知目标	了解猪场日常生产管理工作内容 了解猪场各岗位工作职责 熟悉猪场各个生产与管理技术岗位工作规范
	技能目标	能够按照《饲养管理技术操作规程》来完成猪场管理技术岗位的工作职责
	态度目标	培养严谨、认真的工作态度 培养学生的组织协调能力 培养团队合作精神和对团队负责的意识

（1）引言。一个万头猪场内的管理技术岗位一般分为管理人员岗位、饲养员岗位与后勤人员岗位。生产线主管下设配种妊娠舍组长、分娩保育舍组长与生长育成舍组长。其组织结构如图 1-11 所示。

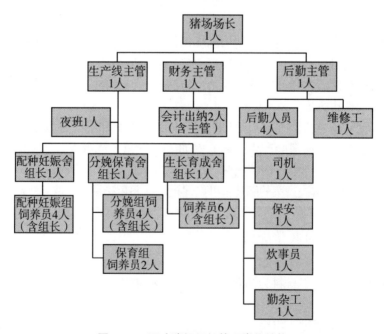

图 1-11　万头猪场组织管理岗位结构

（2）角色任务描述（表1-6）。

表1-6　养猪场各岗位角色扮演任务描述

角色	任务描述
场长 （可由教师担任）	负责猪场的全面工作； 制定本场的各项管理制度与技术操作规程； 协调各部门的工作关系； 下达生产任务； 监控生产管理； 培训员工与主持生产例会
生产线主管	负责生产线日常工作； 负责落实和完成场长下达的各项任务； 负责猪病防治与免疫注射工作； 协助场长做好其他工作； 直接管辖组长，通过组长管理员工
配种妊娠舍组长	负责本组人员严格按照《配种妊娠舍饲养管理操作规程》和每周工作日程进行生产，完成生产线主管下达的各项生产任务； 负责统计本组生产报表，及时反映本组出现的生产和工作问题； 安排本组人员休息与替班； 负责本组的定期全面消毒、清洁绿化工作； 负责本组饲料、药品、工具的使用计划、领用及盘点工作； 负责本生产线配种工作，保证生产线按生产流程运行； 负责本组种猪的转群、调整工作； 负责本组公猪、后备猪、空怀猪、妊娠猪的预防注射工作
分娩保育舍组长	负责本组人员严格按照《分娩保育舍饲养管理操作规程》和每周工作日程进行生产，完成生产线主管下达的各项生产任务； 负责统计本组生产报表，及时反映本组出现的生产和工作问题； 安排本组人员轮休与替班； 负责本组的定期全面消毒，清洁绿化工作； 负责本组饲料、药品、工具的使用计划、领用及盘点工作； 负责本组空栏的冲洗消毒工作； 负责本组母猪、仔猪的转群、调整工作； 负责本组母猪、仔猪的预防注射工作
生长育成舍组长	负责本组人员严格按照《生长育成舍饲养管理操作规程》和每周工作日程进行生产，完成生产线主管下达的各项生产任务； 负责统计本组生产报表，及时反映本组出现的生产和工作问题； 安排本组人员轮休与替班； 负责本组的定期全面消毒、清洁绿化工作； 负责本组饲料、药品、工具的使用计划、领用及盘点工作； 负责肉猪出栏工作； 负责本组空栏的冲洗消毒工作； 负责本组生长、育肥猪的预防注射工作
配种舍饲养员	协助组长做好配种、种猪转群、调整工作； 协助组长做好预防注射工作； 负责公猪、后备猪、空怀猪的饲养管理工作

（续表）

角色	任务描述
妊娠母猪饲养员	协助组长做好配种、种猪转群、调整工作； 协助组长做好预防注射工作； 负责妊娠母猪的饲养管理工作
哺乳母猪、 仔猪饲养员	协助组长做临床母猪转入，断奶母猪与仔猪的转出； 协助组长做好预防注射工作； 负责大约 40 个栏内的哺乳母猪、仔猪饲养管理工作
保育猪饲养员	协助组长做好保育猪转群、调整工作； 协助组长做好预防注射工作； 负责大约 400 头保育猪的饲养管理工作
生长育肥猪饲养员	协助组长做好生长育肥猪转群、肉猪出栏工作； 协助组长做好预防注射工作； 负责 500~600 头生长育肥猪的饲养管理工作

（3）材料准备。为各个角色的工作过程提供操作指南，具体包括《配种妊娠舍饲养管理操作规程》《分娩保育舍饲养管理操作规程》《生长育成舍舍饲养管理操作规程》等。这些资料可以是一个实训猪场实际执行的《饲养管理操作规程》，也可以由教师收集整理提供，当然最好由学生通过收集、讨论、整理而得到（在这个过程中可以应用引导文教学或者案例教学）。

信息来源：

王燕丽，李军，2009. 猪生产［M］. 北京：化学工业出版社；

吴建华，2002. 猪的生产与经营［M］. 北京：高等教育出版社；

本教材系列的《专业核心教材》之《猪生产》第一章第一节。

（4）教学引导语。你将与你的同事共同合作，而且你们几个角色之间的行为是相互影响的。请你快速阅读你所扮演角色的任务描述，然后认真考虑你怎样扮演那个角色，在进入角色前，请不要与其他角色扮演者讨论即席表演的事情。请运用你所学专业知识或者你对猪场生产的感性认识来安排别人（管理其他角色）或者完成别人交办的任务（接受其他角色管理）。务必在 30min 之内完成你的第 1 次表演，然后你可以与你的同学交换角色接着表演。但是不要忘记把你表演的每个细节一一记录下来（表 1-7）。

（5）教学评价。学生本人对基于扮演过程中与工作岗位相关的内容进行评价。学生小组针对角色扮演结果，观察到的不足、障碍、等待事件、缺工事件、质量和组织问题等进行集体讨论。全班进行整体性原因分析、构思改善意见。集体确定下次角色扮演中加入改善意见。

通过对扮演过程的讨论，分析角色工作的"起因—结果—内在关系"。可以开展对某个角色的讨论，比如这个角色干得最多的事是什么？不同的学生扮演这个角色有什么差别？必要时对实施改善措施的效果进行评价。

表 1-7 角色扮演记录

角色扮演记录

表演者_____ 班级_____ 姓名_____

模拟工作时间（可以是真实工作情景下的时间）	布置工作任务内容（给其他角色的指令）	接受工作任务内容（接受其他角色的指令）	完成工作任务内容（按照饲养管理操作规程进行的工作）
你对自身工作的评价			
你对其他角色的工作评价			

（6）教学反馈。学生个人学习收获反馈，主要包括工作任务、工作内容、职业活动、决策、困难、时间要求、工作过程认识等方面。学生认知与技能水平提高与以下内容相关：是否达到我们的预期结果，或者取得一些非预期的结果；学生是否理解了工作过程中各项功能的内在联系；学生对角色的工作流程和工作方式是否掌握；最后，学生在角色扮演中解决困难的能力是评价能力提高的重要指标。

2. 《猪生产》模块中母猪分娩舍各工作岗位的角色扮演教学案例

（1）教学对象。中职养殖专业一年级第 2 学期学生，学习过养殖专业基础知识，掌握了猪的繁殖、遗传育种、动物营养与饲料的基本理论与技能之后，正在系统学习猪生产知识与技能。

（2）教学目标。使学生能够按照猪场产房的相关岗位工作人员（饲养员、保育员、兽医、生产技术场长等）的具体要求来完成相关工作，达到按产房管理程序进行相关技术操作的教学目标。

（3）教学内容。在母猪分娩过程中猪场产房的相关岗位工作人员（饲养员、兽医、生产技术主管、维修工等）所要进行的工作事项、具体要求和技术要点。

（4）教学媒体。该内容的教学最好在猪场的产子现场进行教学，但是往往教学时间的安排与生产的实际情况不一定吻合，可以在一间猪舍内模拟进行。

（5）角色任务描述。角色任务描述见表 1-8。

表 1-8　角色具体工作任务描述

序号	分娩进程	角色	工作事项	具体要求和技术要点（角色任务描述）
1	分娩前 1 周	饲养员	检查	根据分娩信号做好接产准备
2	分娩前 1d	饲养员	做好分娩准备	察看临产征兆。检查母猪健康，搔挠其后背与按摩乳房并与其亲近。24h 值班
		维修工	水电维修	检查保温设备是否完好
		兽医	常规保健	分娩过程中静滴补液，或有必要注射长效抗生素，增强母猪分娩时的子宫收缩力。准备消毒药液，常规输液药液、保健药物、接产工具等，列出输液配方、药物清单
3	分娩前半天	饲养员，兽医	分娩前消毒	分娩前 2h 对母猪全身和其产床清洗消毒干燥后，在其后躯躺下的区域和保温箱底部，垫上已消毒干净的麻袋或软质垫料
4	分娩中	兽医	擦干黏液	仔猪出生后，擦干仔猪口鼻及全身黏液，放于保温箱内，待干后再及时喂初乳
		兽医	断脐	将脐带钝性掐断留 5~6cm，用细线扎好，用络合碘或碘酒消毒
		饲养员	称重	吃初乳前称重
		饲养员	辅助喂奶	母猪分娩后，尽量提前让仔猪吃到初乳，要求在 6~8h 内吃 10 次初乳
		饲养员	分娩登记	按表格记录要求记录窝分娩情况，包括接产过程中的相关记录
		兽医	假死仔猪急救	先尽快将口、鼻内的黏液清理干净，倒提后腿、按呼吸频率按胸拍背、人工呼吸、温水浸泡（40℃，口鼻朝外）
		兽医	助产与难产处理	母猪一般正常产程为 2~3h，每头仔猪产出间隔为 15~30min。产程超过 3h 或每头仔猪产出间隔时间超过 60min 即可按难产处理。 人工助产：助产人员由前向后推按母猪乳房，肌内注射催产素（40U/次或 20U/次）或增加输液。母猪难产处理，严禁饲养员私自用手伸入母猪产道内掏拉仔猪。人工助产无效时，饲养员应及时报告主管
		生产技术主管	母猪难产处理	负责做其他方法处理，例如剖宫产
5	分娩后半天内	兽医，饲养员	分娩后检查与消毒	母猪分娩后 2d 内，每天检查 4 次，发现未产完或胎衣未排净的母猪及时采取措施。分娩完毕仔猪吃过初乳，对母猪后躯用消毒药液清洗消毒，同时用蘸有消毒药液的拖把把产床清理干净，待产床干燥后把仔猪放出吃奶（关闭仔猪时间不得超过 45min）

（续表）

序号	分娩进程	角色	工作事项	具体要求和技术要点（角色任务描述）
5	分娩后半天内	饲养员	固定乳头	弱小仔猪固定在母猪的前侧乳头，对分娩少的后备母猪必须让部分仔猪固定2个乳头，以确保每个乳头都能充分利用
		饲养员	剪牙	要纵向剪，一次完成，断面平整，不损伤牙龈、牙床和舌头，防止仔猪食入碎牙
		饲养员	剪耳缺号	仔猪剪耳缺号，如果是种用猪，按种猪场编码规定剪耳缺号
		饲养员	断尾	仔猪断尾，先用止血钳夹住离尾部3cm（商品猪）或4cm（种猪）处，从紧靠止血钳的尾尖端剪断，涂上碘酊，松开止血钳
		饲养员	喂服抗生素	给初生仔猪喂服抗生素（链霉素100万U配生理盐水50mL，每头仔猪5mL）预防拉稀
	分娩后1周内	兽医	去势	仔猪去势，给非种用小公猪去势（附睾、精索全部去除），去势前后都要用酒精消毒
		饲养员	寄养	寄养仔猪，必须先吃亲生母乳初乳10～12次才能寄养，把先产的仔猪寄给后产的母猪哺乳，经产与初产的后裔不交叉寄养，病猪不允许寄养
		兽医	子宫冲洗	根据具体情况冲洗或治疗，会冲洗方法的操作
		兽医	分娩后保健	对于产死胎、难产、产后泌乳障碍综合征等非正常分娩的母猪，用生理盐水500mL＋青霉素320万U＋20mL鱼腥草输液或长效土霉素肌内注射

（6）教学工具与设备。消毒药液、常规输液药液、保健药物；消毒工具；兽医注射用工具；保温设备与电工工具；接产工具；剖宫产手术工具；子宫冲洗器；剪牙钳、耳缺钳、止血钳。

（7）文件手册。提供1份规范化管理猪场的分娩管理程序，或接产与助产技术手册。内容包括：母猪临产征兆，母猪分娩的关键环节，母猪的接产，母猪难产处理，分娩后仔猪管理，分娩后母猪管理。

（8）实施过程和步骤。①准备阶段。使学生熟悉整体工作过程、工作任务（参与角色）、角色扮演目标（学习目标）、学习材料、工作手段。必要时进行文献研究。教师解释一些理解性的问题。②计划阶段。由学生自主进行工作任务（角色）分配，所承担的角色和角色扮演目标的内容确定，确定行动过程、行动自由度和目标实现途径。教师设置工作岗位，必要时确定初始状态，如母猪的分娩进程。③执行阶段。按照需求、任务和质量要求进行具体实施，并进行必要决策。每个角色记录事件、行动、决策和结果，必要时记录完成信号。角色进行系统化变换（角色扮演的必要阶段）时暂停扮演过程。④评价阶段。基于扮演过程进行与工作岗位相关的内容评价。针对角色扮演结果，观察到的不足、障碍、等待事件、缺工事件、质量和组织问题等进行集体讨论。

进行整体性原因分析，为下次角色扮演提出改善意见。

（9）教学效果评价。以学生个人学习收获反馈情况作为教学效果评价的主要手段，学习收获主要包括工作任务、工作内容、职业活动、决策、困难、时间要求、工作过程认识等方面。

三、项目教学法

项目教学法是一种宏观的教学方法，旨在实现学生学习过程的组织和实施的独立自主性。是将传统的学科体系中的知识内容转化为若干个教学项目，围绕项目组织展开教学，使学生直接参与项目全过程的一种教学方法，也是师生以团队合作形式共同实施一个完整"项目"而进行的教学活动。当然在项目的实施过程中可以采用包括前面提到的各种行动导向的教学方法。

（一）项目教学法的目标

将课堂教学与"经验世界"联系起来；培养学生独立、富有责任意识解决实践问题的能力；传授专业知识、发展专业特定能力；培养团队工作的能力；培养解决复杂的跨专业问题的能力。

（二）项目教学法的核心追求

不再以把教师掌握的理论知识、技术技能知识传递给学生作为追求的目标，或者说不是简单的让学生按照教师的安排和讲授去获取知识，而是在教师的指导下，学生去寻找得到这个结果的途径，最终得到这个结果，并进行展示和自我评价。学习的重点在学习过程而非学习结果，在于使学生在这个过程中锻炼各种能力。教师已经不是教学活动中的绝对主角，而是学生学习过程中的引导者、指导者和监督者。

（三）项目教学法的特点

1. 以问题为导向

项目教学法是以解决实际问题为导向的，或者说以成果（产品）和实践为导向的，它有助于学习者学到更多课堂以外的东西，有利于将理论转换为实践。使学习者不仅能够建设性地投入课程中，而且能够参与到先前的课程计划中。

2. 以学生为中心

确立学习者的主体地位，调动学习主动性，强调让学习者独立解决问题。

3. 以现场教学为载体

项目教学法是面向问题的。通过分析问题和更精确地陈述问题，以及通过寻找和模拟可选的行动途径，试图为问题或结果寻找一个解决方案。项目并不针对非真实的情境，而是针对符合实际情况并有主观或客观利用价值的情境。

4. 学习过程项目化

完成一个项目不仅仅是解决一个问题，而是许多问题的综合解决。所以，项目教学法一般不适合于职业教育的开始阶段，在开始阶段需要先掌握一些其他的教学方法。开展项目教学之前，教师与学生要先开展一些尝试，看看学生是否有能力去完成项目。

5. 学习目标的产品导向

项目教学法适合于复杂问题的分析和解决。项目中待解决的问题与企业工作中所面临的问题存在确切的联系。项目的完成具有明确的时间规定。

（四）适用对象与范围

1. 适于完成第一学年学习以后的学生

该教学方法应主要针对高年级学生施用。该阶段学生群体年龄、智力基本发育成熟，自理和自我约束能力较强，有较好的集体合作精神，能够独立或合作分析解决一般问题和一般困难。经过一年的专业课程学习之后，如《动物学》《家畜解剖生理》《动物繁殖》《兽医基础》《动物营养与饲料》等课程内容，初步具备进行动物养殖的基本能力。学生对养殖专业、畜牧兽医行业的社会价值和发展前景已有较深认识，明确自己今后所从事行业和职业所需的专业能力和岗位技能的基本要求（即明确自己主要需要学习和掌握的知识），对于实践技能性强、与社会劳动生产结合紧密的课程或教学内容表现出较高兴趣，乐意并较为踊跃地参加此类教学或生产实习实训。

2. 适于真实生产情景下的职业教育

项目教学法的教学情景是为成果（产品）和实践的进行而设置的，没有真实的"情景"就没有真实的"成果（产品）"，也就谈不上"项目"的实施。而中职教育的培养对象往往对于纯课堂理论灌输教学兴趣相对不高，对相对沉闷的学习氛围较为反感，喜欢直接、简明的表述方式，更喜欢朋友式的平等交流，能够独立完成任务，能够通过与同学或他人的合作，在教师指导下完成"项目"。所以说在中职教育中运用项目教学法是必然的要求。

3. 适于动物科学专业学生技能培养的教学

动物科学专业学生的技能培养目标就是使学生具备从事畜牧生产的能力，而畜牧生产本身就是一项生产畜牧产品的生产活动。因此，畜牧生产的实践过程恰好为学生的技能培养提供了活动的"项目"。例如，在畜牧生产中，经常要进行种畜的选择、畜牧养殖场的设置、饲料品质的检验检测、饲料配方的设计、饲料的生产、畜舍的消毒、养殖场免疫接种、家禽的孵化、饲料的加工与调制、各类动物的饲养管理、各类动物疾病的诊断与治疗、养殖场的生产经营方案的编制、养殖场的经济核算等工作，这些工作中所需要的专业技能基本上涵盖了养殖专业所有专业课程的培养目标。

因此教师在教学过程中可以把这些内容按照项目教学法的要求分解成若干子项目再细分成若干工作，让学生在与生产实践相结合的过程中去理解知识、训练技能。这样不仅可以打破传统的学科教学体系，而且更容易实现专业培养目标。

（五）项目教学法应用举例

1. 《家禽生产》课程教学案例（应用一）

项目名称为育雏前的准备，育雏前准备的工作与内容如表1-9所示。

表1-9　育雏前准备的工作与内容

项目教学内容		育雏前的准备工作
工作任务		按照肉鸡生产场《肉鸡饲养管理技术操作规程》，在一批肉鸡苗进舍之前把准备工作就绪
教学对象		中职养殖专业二年级学生
教学目标	认知目标	了解肉鸡场日常生产管理工作内容 了解肉鸡场消毒防疫制度 了解育雏的环境控制要求 熟悉养禽场饲养员岗位工作规范
	技能目标	能够按照《肉鸡饲养管理技术操作规程》来落实育雏前的准备工作 能够胜任肉鸡饲养员的工作
	态度目标	培养严谨、认真的工作态度 培养学生的组织协调能力 培养团队合作精神和对团队负责的意识
教学时间	准备、计划	2学时
	实施	2学时
	汇报	2学时

教学过程如下。

（1）项目任务描述（教师提供）。某养鸡场的上一批2 000羽肉鸡已于昨天顺利出栏，为了实现该场年出栏肉鸡10万羽的生产目标，有必要尽快地组织下一批肉鸡的生产。下一批的2 000羽肉鸡苗已经预定，将于2周之后送达本场，请你与你的同事们在这段时间内相互协作完成必要的准备工作，以便下一批肉鸡的生产得以顺利进行。

（2）项目任务分析与计划安排（教师组织学生讨论）。学生接到项目任务之后，由教师主持对任务的分析与讨论，由学生发表意见。目的是将项目工作任务的"完成步骤"与"子任务"进行明确。

比如任务分解如图1-12所示（参考）。任务分解之后，可以根据兴趣相同的原则将学生分组，如材料准备组、环境消毒组、保温组……。教师可以调整小组人数以利于教学，但是小组成员尽量由学生自主选择。接下来的工作就可以交给小组去完成了。

（3）小组进入信息收集与计划阶段（学生）。各小组针对本小组的任务收集相关信息。例如，《肉鸡饲养管理技术操作规程》，实地考察养鸡场的环境，调查饲料、兽药市场……

小组开会讨论任务完成的实施步骤、计划安排。每个成员的分工要详细、工作任务要具体、目标与责任要明确（表1-10）。

在这个阶段教师对学生信息的收集要提供方便与协助，对小组的计划要检查，可以提出修改意见以避免安全事故的发生。

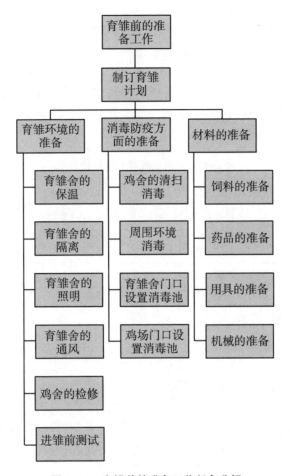

图 1-12　育雏前的准备工作任务分解

表 1-10　小组工作任务分配

组名	项目经理	成员	工作任务			
			任务 1	任务 2	任务 3	……
1 组						
2 组						
3 组						
……						

（4）项目实施（学生以小组形式自主完成）。学生以小组形式自主实施计划，实际操作完成任务。教师提供协助，与生产单位进行沟通与协调。

（5）项目验收（评价）。对于项目完成情况的验收或评价的第一个阶段是要制定评价标准。

评价标准一般分为任务完成情况的评价标准与学习情况的评价标准。前者可以由教师根据多次的项目教学经验而制定，后者由学生具体讨论而制定。例如，任务完成情况的评价标准（或者称为质量控制单）如表 1-11 所示。

表 1-11　任务完成情况的评价标准

序号	评价项目	评价标准
1	育雏计划	人员安排合适，根据鸡舍情况和饲养方式及鸡群的整体周转计划来制定育雏的详细周转计划。大的原则是最好能够做到以场为单位的全进全出制，每批育雏后的空场时间为 1 个月
2	育雏舍的隔离	人员进入均须淋浴更衣换鞋。清粪或处理死鸡的污道应和人员车辆进出的净道分开。育雏舍门口设置消毒池，并保持有效的消毒药液
3	育雏舍保温与通风	根据雏鸡的行为观察温度是否适宜
4	育雏舍照明	舍内灯光布局合理，保证较均匀的光照
5	清扫、消毒	全面进行清扫和冲洗，最后熏蒸消毒 24h 以上。让鸡舍真正空舍 2 周以上为好，进鸡前两天再消毒一次
6	鸡舍检修	对鸡舍、给水系统、料槽、笼具、全面、认真地进行检修
7	器械准备	如干湿球温度表，室温表等环境监测仪器；注射器、医用剪、消毒棉球等常用兽医药械也要准备好
8	药物准备	紫药水、碘酊、抗生素、常用药品、消毒药和疫苗等
9	用具准备	铁锹、扫帚等工具要配齐，并专舍专用。灯泡等易损耗用品要有一定的备用量。记录用的各种表格、笔、光照表、日常操作程序等
10	饲料准备	雏鸡料必须符合雏鸡饲养标准的营养要求。最好能喂经破碎后的高能高蛋白的颗粒料
11	测试	进雏前 2~3d 都要进行试加热，检查供热系统是否完好，以确保完全供热。 进雏前一天，最好将网上铺一层经消毒处理过的垫纸，以防小雏鸡在网格中因别腿而发生意外伤害。 进雏前 4h 应准备好加糖和维生素的温饮水

学习情况的评价标准如表 1-12 所示。

表 1-12　学习情况的评价标准

序号	评价项目	评价（或评分）			
		小组自评	小组互评	教师评价	企业评价
1	选题如何				
2	流程是否完整				
3	内容安排是否准确				
4	言语表达是否清晰				
5	时间安排				
6	汇报是否得当				
7	回答问题				
8	项目每一项的时间安排是否合理				
9	……				

第二个阶段是汇报，有评价标准之后，每个小组要准备汇报材料。小组要讨论汇报的形式、方法与内容。教师可以对汇报提出要求，比如要求用 ppt 课件汇报等。

汇报的形式一般采用成果报告会或成果展示。在项目进行中解决各类问题的方式方法以及优秀的生产成绩，让每组学生以优秀成果的形式展示出来，这样的活动很好地激发了学生的学习积极性，促使学生从多方面思考问题，培养创新精神。汇报的方式可以是座谈、讨论、问答、陈述。汇报的内容包括工作任务安排、工作过程、工作结果、小组成员的协助等。

各小组或由各小组选派的一个或多个代表汇报其项目成果。汇报形式可以多种多样，如班会的形式，或是将其安排到某个庆祝活动中，向所有学生、家长或者企业代表展示学生的项目成果。

各组项目经理向全班汇报、展示、交流本组的生产成绩，在介绍过程中要求说明各组完成该项目的设计思路以及生产过程中遇到过什么问题，这些问题是如何解决的，同时，其他组的同学也可提出问题，让项目经理解释项目进行中所用的相关技术及特点。

第三个阶段是评价，评价包括小组自评、小组互评、教师点评与企业评价（表1-13）。通过每组的展示、相互评比、学习、教师点评，并提出更高要求。企业方验收是否满足需求，按企业标准对学生各个环节点评。

（6）反馈。反馈的目的是如何把通过本次的教学活动获得的知识与技能推广运用到其他领域。对学生而言要思考在这次项目活动中学到的知识与技能能够应用到哪些相关领域。对教师而言，要思考这次的项目教学取得了哪些成功的经验。哪些地方有待改进，对下次教学有什么帮助。

方式包括：请实训基地负责人对项目生产成绩进行验收，对学生完成情况给予点评；请企业技术员进行验收，对学生完成情况给予点评；根据之前确定的评价标准，教师和学生共同对项目的成果、学习过程、项目经历和经验进行评价和总结。

表 1-13 项目活动评价（用于自评/互评）

序号	项目内容	要求	评定（3，2，1，0）			
			小组自评	小组互评	教师评价	企业评价
1	是否充分听取企业（需要方）的意见	□充分 □一般 □不充分				
2	消毒是否合理	□合理 □一般 □不合理				
3	保温是否合理	□合理 □一般 □不合理				
4	环境要求是否达到	□达到 □一般 □没达到				
5	是否解决了生产中遇到的问题	□非常好 □一般 □需改进				
6	……	□好 □较好 □一般				
7	意见与反馈					

针对项目问题的其他解决方案、项目过程中的错误和成功之处进行讨论，有助于促进学生形成对工作成果、工作方式以及工作经验进行自我评价的能力。

2.《猪生产》课程教学案例（应用二）

项目名称——肉猪生产场的种猪更新与淘汰

表 1-14 肉猪生产场种猪更新与淘汰的工作与内容

项目教学内容		种猪更新与淘汰
工作任务		为猪场制订种猪更新计划并落实
教学对象		中职养殖专业一年级第 2 学期学生
教学目标	认知目标	学习种猪的选择与淘汰的有关专业知识
	技能目标	能够为猪场制订种猪更新与淘汰计划 能够采购种猪 能够运用专业知识去淘汰种猪
	态度目标	培养综合运用知识分析、处理实际问题的能力 培养学生的组织协调能力 培养团队合作精神和对团队负责的意识
教学时间	准备、计划	2 学时
	实施	2 学时
	汇报	2 学时

（1）教学过程（图 1-13）。

（2）项目任务描述（教师提供）。绝大多数的肉猪生产企业是实行自繁自养的，因而肉猪生产企业种猪的生产能力决定了猪场的生产能力。一条万头猪生产线需要

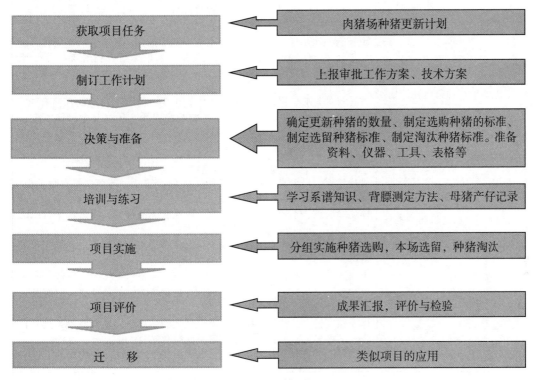

图 1-13 项目教学过程分解

基础母猪 600 头，企业如何来保证这些种猪保持好的繁殖性能？种猪的繁殖力下降了怎么办？新的种猪哪里来？请你与你的同学为这个猪场制订一个详细的种猪更新计划并实施。

（3）项目分析（仅作为教师引导之参考）。①肉猪生产企业要种猪吗？有哪些种猪品种？肉猪生产企业的种猪可以利用几年？每年要更新多少？先要安排学生进行市场调研，收集相关信息，然后采用分组汇报。教师根据汇报进行总结。②项目分析。根据肉猪生产企业养殖规模、种猪现有结构，提出更新计划；根据学习的相关知识，制定种猪的标准、淘汰的标准；学习种猪生产性能的鉴定方法；实施种猪的选购、选留与淘汰。得到问题解决的思路与方法。③项目任务分解。整个生产过程分为 5 个子项目：种猪更新计划的确定；种猪的标准；种猪的选购与选留；种猪的淘汰；养殖场的生产经营管理。

（4）教学准备。肉猪生产企业、种猪生产企业、系谱资料、种猪生产记录、背膘仪等。

（5）质量控制单（表 1-15）。

表 1-15　任务完成情况的评价标准（或者称为质量控制单）

序号	评价项目	评价标准
1	种猪更新计划	更新与淘汰是任何遗传改良必不可少的一部分。母猪的快速周转可以增加遗传变化的速度，从而加快改良。如果母猪只利用 4~6 胎，则每年必须更新 40%（实际中约 30%），对种畜生产者来说，更新水平是最高的。 按选择的经验，平均而言从 4 头中选 1 头，需要供挑选的仔猪有 30×4=120（头），假设每年 2 胎，每胎断奶成活 8 仔（其中母猪 4 头），则：120÷2÷4=15（头）。即需要 15 头优秀母猪，这是最小数目，如果有 20 头母猪将提供选择的灵活性
2	后备母猪的选择	乳房发育：最少有沿腹线均匀分布的 12 个乳头，不要选择有瞎乳头、翻转乳头、其他畸形乳头的种猪。 体质结实性：不要选有内侧趾或叉蹄或直腿的种猪，要选水平背或适度弓形背，严重弓形背的猪亦不理想。 生产性能：选择体重与饲料报酬高于全群平均水平的猪，背膘要选最薄的猪
3	公猪的选择	乳房发育：尽管公猪乳头的选育没有母猪重要，但是公猪可以把畸形乳头性状遗传给后代。 体质结实性：公猪用于配种，需要强壮的体质，端正的肢蹄，具有直腿、高度弓形背的猪圈养中经常不能持久站立。 生产性能：背膘、日增重、饲料报酬均要被测定认为是优秀者
4	选购种猪	选择名声好的种猪场；选择对种猪性能进行测定，并记录好的种猪场；确信购得的种母猪有可靠的健康记录、性能记录（如有不清楚的，须核对或要供应者说明）；购买同一来源的种猪（减少带入疾病的风险）
5	在本场选育后备猪	优秀母猪是连续两窝或两窝以上均有最高繁殖性能的母猪。为了评定繁殖性能必须有完善的记录及档案，如：产仔数、断奶重。 本场中最好的 20% 的母猪被评为优秀母猪，它们是为种猪场提供后备猪的母本，如果需要更多后备猪可评定更多的优秀母猪。 每半年分析一次生产记录，重新评定优秀母猪。 决定母猪是否优秀，须同时考虑其后代的背膘与日增重记录
6	种猪的淘汰	无论何时获得更新的优秀后备母猪，就可淘汰母猪；淘汰连续两次产仔少的母猪；淘汰所产仔猪的生长速度和肉品质均低于平均值的母猪；淘汰有无效乳头的母猪；淘汰过肥和过重的母猪（过肥的母猪一般有更多问题，先淘汰）；淘汰两次配种不孕的母猪；淘汰产畸形后代的母猪（如疝、隐睾、锁肛）；淘汰肢蹄不良的母猪；淘汰性情不好、母性差的母猪

（6）学生的计划与准备。每组在实施项目之前，可以安排一定的时间由各组进行市场考察，让他们与真实的养猪企业技术人员交流。也可以由教师扮演猪场技术人员，派出各组的组长和教师交流，听取意见，并适当提出自己的各种想法。学生

通过调研、实验和研究来搜集信息，来决策如何具体实施与完成项目计划中所确定的工作任务。

首先由各组的组长向小组成员讲述猪场的需求，组员分子项目进行设计，一个子项目应当按期完成，然后项目经理在组内分阶段评选最佳的设计，交教师审阅，由教师提出修改意见，再实施下一个子项目。学生应分工合作、创造性的独立解决项目问题。将项目目标规定与当前工作结果进行比较、并作出相应调整，这项固定工作要同时进行。

（7）项目实施。①实训项目：肉猪生产场的种猪更新与淘汰。②学生分组实战。将每班学生分成7~8组，4~5人一组，每组模拟一家养猪企业的生产技术人员。

项目实施中可以应用角色扮演（表1-16）。

小组：养猪企业生产技术人员；

小组组长：生产技术场长；

小组成员：配种员、饲养员、防疫员、财务人员……

教师：技术顾问。

表1-16 小组扮演角色的工作分配

组名	组长	成员	公司名称/角色
1组	（由教师指派）	（由教师分组）	由各小组命名
2组	……	……	……
……	……	……	……
8组	……	……	……

（8）项目验收。各小组或由各小组选派的一个或多个代表汇报其项目成果。汇报形式可以多种多样。

各组组长向全班汇报、展示、交流本组的结果，在介绍过程中要求说明各组完成该项目的设计思路以及项目实施过程中遇到过什么问题，这些问题是如何解决的，同时，其他组的同学也可提出问题，让组长解释项目进行中所用的相关技术及特点。

最后各组之间进行互评，互相学习，通过相互评价进一步修改各自的方案，评选出项目完成最满意的组次，教师点评。

（9）项目反馈。与前面的教学案例相同（表1-17）。

表1-17 项目活动评价（用于自评/互评）

项目活动评价				
项目内容	要求	评定（3，2，1，0）		
		自评	组评	师评
更新计划是否符合猪场实际	□符合 □一般 □不符合			
选择品种是否合理	□合理 □一般 □不合理			

（续表）

项目活动评价					
项目内容	要求	评定（3，2，1，0）			
		自评	组评	师评	
选购的种猪是否有缺陷	□没有　□个别　□较多				
选留的种猪生产性指标是否是最好的	□最好　□中等　□差				
淘汰的种猪是否是最差的	□最差　□中等　□最好				
制定的标准的应用价值	□好　□较好　□一般				
意见与反馈					

四、案例教学法

案例教学中一个最为突出的特征就是案例在教学中的运用，它是案例教学区别于其他教学模式的关键所在。那么，什么是案例呢？一般认为，案例就是以一定的媒介（文字、声音等）为载体，内含有教育教学问题的实际情境。案例教学法是根据教学目的和培养目标的要求，教师在教学过程中，以案例为基本素材，把学生带入特定的教学情境中进行分析问题和解决问题，培养学生运用理论知识并形成技能、技巧的一种方法。

案例教学法鼓励学生为案例中介绍的问题寻找可行的解决方法，分析其可行性并解释原因。这只有在学生搜寻更多对于他自身来说的新信息并且（或者）利用现有资料获取信息的情况下，才会成功。学生必须全面考虑这些信息，并和案例紧密联系起来。利用案例教学有两个目的，一是让学生认识到某些问题的解决方法，二是让学生认识到哪些关系尤为重要，可以从个案推断出哪些普遍的现象。

（一）案例教学法可以被分为三个阶段

第一阶段是问题或事件的提出，是作为案例教学的基本条件。首先，必须在搜寻信息和获得信息之前明确地阐述这些问题。参与者应该分析问题并且全身心投入这个问题中去，以便为未来的工作打好基础。

第二阶段被称为问题解决方案阶段。学生应该搜寻不同的解决途径并且决定哪种方案、途径最为合适。

第三个阶段主要是评判解决方案。在小组中比较、讨论不同的方案，并且与其相似的实际解决方案做比较。这种比较过程有助于我们更接近实际，并且有助于执行真实的评估，以便于在未来的实际计划中去运用它。

（二）案例教学的教学过程（图1-14）

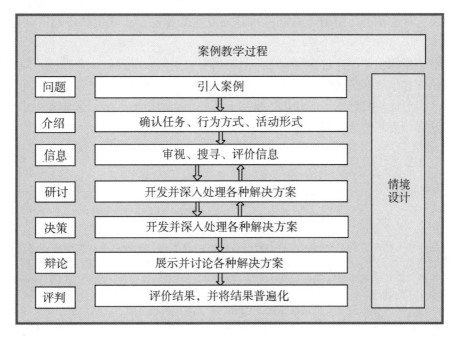

案例教学过程

问题	引入案例
介绍	确认任务、行为方式、活动形式
信息	审视、搜寻、评价信息
研讨	开发并深入处理各种解决方案
决策	开发并深入处理各种解决方案
辩论	展示并讨论各种解决方案
评判	评价结果，并将结果普遍化

情境设计

图1-14 案例教学过程

（三）案例教学法应用举例

1. 案例一

猪病的诊治

老王家喂了5头母猪和60头架子猪，其中3头母猪已分娩。有一窝哺乳仔猪已有15日龄，突然有一头仔猪发生腹泻，后陆续发病，排泄灰白色的稀粪，食欲稍有减退，体温无明显变化，逐渐消瘦，有1头仔猪死亡，其他的没有死亡。

任务：请你根据以上情况，替老王家的猪诊断一下是什么病？提出一个治疗方案。

【案例一教学分析】

本案例包含兽医临床的内容，这样的案例在养殖专业课程的课堂上并不特别。类似疾病诊断的案例，在教科书中基本都包含标准化的信息（即流行病学、临床症状、防治措施），显然本案例与兽医临床教学中的临床诊断方法有着联系。运用这类案例来教学主要与下列内容的教学有关。

（1）借助具体案例来解释课程中的某些概念。

（2）借助具体案例中的信息，分析比较某种疾病的特点，能够区分不同的疾病，使动物临床诊断方法在一定的验证背景中得到理解。

（3）借助具体案例才能让学生了解诊断的程序与方法，如何描述症状，明确哪些信息对诊断是重要的。

（4）在哪些情境中兽医临床的诊断认为是规范、可适用的，在哪些情境中又不可用，以及这种方法是如何随着时间的推移而发生变化的，让学生获得解决问题的一个印象。

当然，案例中并不能包含所有的信息与内容。案例只是提供一个样板，是为了让学生从案例中找出能够描述疾病特征的某些症状。虽然案例中信息描述是针对某个病例来设计的。但是凭借着已掌握的知识，事实上还并不能做很多事情。这种案例并不能促进兽医诊断思维方式的形成和兽医临床工作方式的应用。

2. 案例二

创办一个养殖场

在职业中专毕业之后，你想在畜牧养殖行业创出一番事业。你的家人对你的创业想法很支持，为你筹措了 10 万元的资金。正好凭借你对养殖知识的了解，你相中了一处适合养殖的旧厂房，于是你很快就与厂房老板谈妥了房屋租赁合同。你以每年 2 000 元的租金，租赁了这个有 400m² 的厂房，签了 3 年的合同。

因为这个厂房原来是用于机械加工的，老板拆除了加工机械之后，厂房内空空的，没有多少东西在你的养殖中派得上用场。只有水电管线尚好，只是要按时付费就行。

你有几个备选计划：

第一，养肉鸡。这样的话，厂房用作鸡舍就不需要做大的改造，添置一些必要的保温设施就行。当前的肉鸡苗为 2 元/只，配合饲料平均价格为 2.1 元/kg，肉鸡批发价格为 8.8 元/kg，当然这些价格是受市场价格影响的，也与你养的肉鸡品种关系很大，仅仅可以作为参考。

第二，养蛋鸡。这样的话，厂房倒是不需要大的改造，但是蛋鸡的笼具需要一定的投资，1 000 只产蛋鸡的笼具大概在 1 万元左右。生产的周期也比较长。当前的蛋鸡苗为 4 元/只，配合饲料平均价格为 1.8 元/kg，鸡蛋批发价格为 6.8 元/kg，价格相对于肉鸡产品来说比较稳定。

第三，养肉猪。厂房改成猪舍需要 2 万元左右。仔猪价格比较高，20 元/kg。小猪的饲料 3 元/kg，中猪的饲料 2.5 元/kg，肥猪的饲料 2 元/kg，生猪价格 9 元/kg。

你可以选择：

（1）经营管理方式；

（2）饲养品种；

（3）饲养规模；

（4）饲养方式；

（5）投资大小。

但是，你一定想实现最大的利润。你需要好好计划一下再去实施，因为好的计划是成功的一半。

【案例二教学分析】

本案例初看来是一个经典的决策问题。畜牧业经营管理、经济领域中的大部分案例都是以决策问题的形式来设计的。这与课程的内涵有关，如何从备选方案中选出最合理的方案被看作是经营管理决策的一部分。其实，学生在作出决策之前，需要解决许多生产实际问题，必须对具体的畜牧生产过程有所了解，否则决策就没有依据。

本案例在设计上符合常规。所有重要的信息都能在案例描述中获得，并且是一些可进行确切计算和处理的数据。但是很多实际生产中很重要的信息都被隐藏起来了，比如饲养密度、动物的饲料报酬、动物的生产水平等，案例是否是虚构的亦无法确定。案例中需要进行主观解释的较少，剩下的内容（饲养品种、饲养方式、防疫的费用、办理生产许可等）对于解决问题并没有太重要的意义。

对学生的要求包括：结合实际经验或所学知识给出适当的生产水平指标，并编制生产计划，将给定的数据相互结合运算，并正确建模，然后进行准确核算，答案就会得出。

有意思的是，学生直到此时还没有学到什么新的知识。学生只是解释他们的答案，并说明前提条件。其实案例包含了一个经典的畜牧生产企业的经营管理主题，即畜牧生产的适度规模，畜牧业规模经营的关键在于"适度"规模。

案例举例的特别技巧在于，不仅是让学生了解这个经典说明，而且设计者想利用这种叙述式情境作为初始情况，以利于学生理解畜牧企业的经营策略，即成本控制。案例教学应对问题的构建有所帮助，存在什么问题，改进方案是如何实现的，以及适用于什么样的前提条件（生产的技术指标应该控制在多少）。本案例中，学生可以通过有计划的生产安排，从而使得被认为不利的解决方案转变成一个特别优化的方案。这种深化过程是从材料本身无法获得的。

3. 案例三

猪场粪污的处理

小周从某职业中专的养殖专业毕业之后，在某县城郊区的一大型养猪场任技术主管。老板对他的工作表现比较满意，对他也很信任。小周觉得待遇不错，很珍惜这能够发挥自己价值的工作舞台。

这个猪场从 2008 年投产以来，经营情况一直比较好，2009 年的利润在 200 万元以上。该猪场是该县的养殖大场，受到县委县政府、畜牧局的重视。

但是投产以来，猪场的污水对周边的危害渐渐显露出来，引起了周边农户的不满，有的要求赔偿，有的要求猪场关闭……

要是把猪场搬迁，老板 1 000 多万元的投资可能要血本无归，但是农户在赔偿问题上的要价太高，县环保局也对猪场下达了整改通知。

老板正在犹豫不决，不知道该如何是好？小周又能为他做些什么？

【案例三教学分析】

本案例基于一个真实事件。故事在一个特定的叙述点中断，就如同真实的生产一样，并不存在任何外界指示提醒我们，要做什么，该如何处理。

如果将这个案例作为开放式教学的出发点的话，课堂讨论中就会出现多种多样的声音。为了减轻引导讨论任务的困难度，除案例叙述外，教师还会获得下列补充信息：

（1）村民要求的赔偿是 10 万元/年。

（2）小周了解到"发酵床"零排放养猪的信息，政府对此有 200 元/m^2 的补贴。当然"发酵床"养殖中也出现了一些问题，小周对采用这个办法解决当前的问题后会不会产生新的问题，心里没有底。

（3）如果采用"沼气"来解决排污问题，在能源管理办公室可以争取到一笔补助资金，大约 2 000 元/个沼气池。

（4）也可以采用烘干工艺来处理粪便，但是投资要 100 多万元，此方法的好处是同时可以生产肥料。

五、任务驱动教学法

（一）性质与特点

1. 性质

"任务驱动"教学法是一种建立在建构主义学习理论基础上的，有别于传统教学的新型教学方法。"任务驱动"教学方法提倡教师指导下、以学生为中心的学习。在整个教学过程中教师起组织者、指导者、帮助者和促进者的作用，利用情境、协作、会话等学习环境要素充分发挥学生的主动性、积极性和创造性，最终达到使学生有效地实现对当前所学知识的意义建构的目的。建构既是对新知识意义的建构，同时又包含对原有经验的改造和重组。

在整个教学过程中，学生以完成一个个具体的任务为线索，教师首先把教学内容巧妙地设计隐含在单个的任务中，让学生以分组或独立完成任务的方式领会学习的核心内容。在学生完成任务的同时培养学生的创新意识和创新能力以及自主学习的习惯，引导他们学会如何去发现，如何去思考，如何去寻找解决问题的方法，最终让学生自己提出问题，并经过思考，自己解决问题。

2. 特点

"任务驱动"教学法的主要特点是"任务驱动，注重实践"。它很适合养殖类课程比如"养猪、养鸡"等的教学，因为该类课程大多是实践性很强的课程，要求学生既要学好理论知识，又要掌握实际操作技能。同时由于这些课程知识内容更新很快，要求学生必须具有一定的自主学习能力与独立分析问题、解决问题能力，才能适应现代养殖发展的特点。

任务驱动教学法具有以下特点。

（1）以学习者为中心。确立学习者的主体地位，调动学习主动性。

（2）学习过程任务化。将学习过程分解为具体的任务，以任务为单元进行教学。

（3）团队式教学活动。特别注重教学活动参与者的协作精神。

（4）功能多样性。旨在培养学习者的职业能力——专业能力、方法能力、学习能力和社会能力。

（二）适用对象

1. 高年级学生

该教学方法应主要针对高年级学生施用。该阶段学生群体年龄、智力基本发育成熟，自理和自我约束能力较强，有较好的集体合作精神，能够独立或合作分析解决一般问题和一般困难。绝大部分学生对养殖专业、养殖行业的社会价值和发展前景已有较深认识，明确自己今后所从事行业和职业所需的专业能力和基本要求（即明确自己主要需要学习和掌握的知识），对于实践技能性强、与社会劳动生产结合紧密的课程或教学内容表现出较高兴趣，乐意并较为踊跃地参加此类教学或生产实习。

2. 学过专业基础课程与专业课程的学生

学习过基础课程和相关专业课程，如《家畜解剖生理》《畜禽遗传改良》《动物营养与饲料》和《养殖场环境卫生与控制》等课程内容，具备开展畜禽养殖学习的基本能力。

3. 具有进取心的学生

该教学法针对的学生群体基本具备独立思考、判断、分析和解决问题的能力，学习风格已经相对稳定，对于纯课堂理论灌输教学兴趣相对不高，对相对沉闷的学习氛围较为反感，喜欢直接、简明的表述方式，更喜欢朋友式的平等交流，能够独立完成任务，能够通过与同学或他人的合作，在教师指导下完成"任务"。

（三）任务驱动教学法应用举例

1. 《畜禽遗传改良》课程教学案例

任务名称——母猪的发情鉴定

（1）任务目标。①知识目标。能正确描述母猪发情的行为与变化。②技能目标。能准确判断母猪的发情进程，从而确定适时配种时间。③教育目标。培养学生的情感、态度、价值观，培养学生实际操作能力，以及与同伴合作交流的意识和能力，加强团队合作。

（2）任务重点。①使学生了解实施一个养殖任务的全流程。②综合运用知识解决实际问题。③熟练运用《畜禽遗传改良》课程中所学知识解决养猪生产中的实际问题，完成母猪发情鉴定任务。

（3）任务难点。①学生综合运用知识来解决实际问题的能力。②分工合作完成整个项目的能力。③有效判断母猪发情的进程，从而正确地判断适宜配种的时间。

（4）教学方法。任务驱动教学法

（5）教学过程（图1-15）。

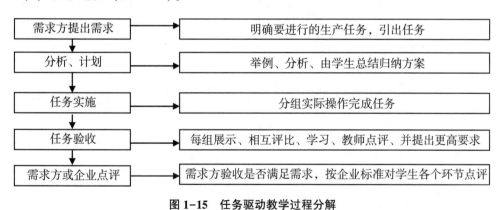

图1-15　任务驱动教学过程分解

1）任务要求。为了把《畜禽遗传改良》课程的教学做到理论与实践相结合，做到"学中做、做中学"，体现工学结合的教学模式，将实训基地的生产与教学结合起来，将实训基地的一定生产任务交给学生来完成。基本任务是要完成一批母猪的发情鉴定任务。任务要求：实训基地提供的配种舍一批生产母猪，要求学生能准确地将发情的母猪鉴定出来，并提出配种计划。

2）教学策略分析。学生学习该任务之前已经掌握了母畜性机能发育、发情与发情鉴定、排卵、异常发情等知识与技能，能够熟练使用这些技能。教学是师生之间、学生之间交往互动与共同发展的过程。采用任务驱动教学法学习，教师可以发挥工学结合优势，成为知识传播者、问题情境的创设者、尝试点拨的引导者、知识反馈的调整者。学生是学习的主人，在教师的帮助下，小组合作交流的过程中，利用动手操作探索，发现新知识，自主学习。采用多样化教学评价，包括师生评价、学生评价、小组评价、企业评价等多种方式。在课堂上利用明确无误的生产指标结果，对学生的学习和练习作出评价，让每个学生都能体验到成功的乐趣。采用项目教学法，让学生把分散知识的各知识点综合起来，应用于实际的工作中。

3）任务分析（导入课程）。

A. 问题导入。一个猪场的核心问题是什么？发展的动力在哪里？如何增加养猪的经济效益？

先要安排学生进行市场调研，收集相关信息。然后采用分组汇报。教师根据汇报进行总结，介绍类似任务的生产经验。

B. 任务分析。根据养殖场提供的生产任务进行分析；根据客户提供的需求进行分析；根据市场调查的结果进行分析；得到问题解决的思路与方法。

C. 任务分解。整个生产过程分为4个子任务，即哺乳舍下线的母猪情况调查；已配母猪的发情鉴定调查；待配母猪的情况分析；发情母猪的发情情况分析。

4）教学准备。配种舍一批母猪，必要的消毒剂，润滑剂。

5）时间安排。时间跨度因配种舍母猪生理方式不同而异，一般在2～3d。教学总课时为4课时。

任务1：对配种舍已配母猪发情情况的整理（1课时）；

任务2：对哺乳舍下线母猪情况调查（1课时）；

任务3：待配母猪情况分析（1课时）；

任务4：发情母猪发情征兆的判断与配种时期的确定（1课时）。

6）任务实施。

A. 实训任务。掌握母猪发情的征兆，能在配种舍正确地判断母猪的发情进程，确定适时配种的时机。

B. 学生分组实战。将每班学生分成5～7个组，每个组模拟一家规模化养猪场。

C. 角色扮演（表1-8）。

小组：规模化养猪场配种舍母猪的饲养与管理；

小组组长：规模化养猪场配种舍技术员；

小组成员：饲养员、配种员、精液处理员、兽医……

教师：规模化养猪场生产厂长（养猪场老板）。

表1-18 真实工作任务分配

组名	项目经理	成员	公司名称
1组	（由教师指派）	（由教师分组）	公司名称由各小组在项目经理的组织下自己命名

（续表）

组名	项目经理	成员	公司名称
2组	……	……	……
3组	……	……	……
4组	……	……	……

D. 制订发情鉴定计划。每组在实施任务之前，可以安排一定的时间由各组对规模化养猪场进行调查，让他们与真实的客户交流。也可以由教师扮演猪场技术人员，派出各组的组长和教师交流，听取意见，并适当提出自己的各种想法。

学生通过调研、实验和研究来搜集信息，来决策如何具体实施和完成任务计划中所确定的工作任务。

E. 各小组分组设计。首先由各组的项目经理向小组成员讲述客户需求，组员分子项目进行设计，一个子项目应当按期完成，然后项目经理在组内分阶段评选最佳的设计，交客户（教师）审阅，由客户（教师）提出修改意见，再实施下一个子项目。

学生应分工合作、创造性的独立解决项目问题。将项目目标规定与当前工作结果进行比较、并做出相应调整，这项固定工作要同时进行。

7）项目验收（内部验收）。各小组或由各小组选派的一个或多个代表汇报其项目成果。汇报形式可以多种多样，如班会的形式，或是将其安排到某个庆祝活动中，向所有学生、家长或者企业代表展示学生的项目成果。

各组项目经理向全班汇报、展示、交流本组的生产成绩，在介绍过程中要求说明各组完成该项目的设计思路以及生产过程中遇到过什么问题，这些问题是如何解决的，同时，其他组的同学也可提出问题，让项目经理解释项目进行中所用的相关技术及特点。

最后各组之间进行互评，互相学习，通过相互评价进一步总结成功的经验与失败的教训，评选出项目完成最满意的组次，教师点评。

自评/互评表如表1-19所示。

表1-19　任务完成情况评价

母猪发情鉴定任务活动评价				
项目内容	要求	评定（3，2，1，0）		
		自评	组评	师评
是否充分听取客户（饲养工）的意见	□充分　□一般　□不充分			
发情鉴定方法是否正确	□正确　□一般　□不正确			
最佳配制时机判断是否准确	□正确　□一般　□不正确			

（续表）

母猪发情鉴定任务活动评价					
项目内容	要求		评定（3，2，1，0）		
			自评	组评	师评
配种指标是否达到	□达到	□一般 □没达到			
是否解决了生产中遇到的问题	□非常好	□一般 □需改进			
应用价值（经济效益如何）	□好	□较好 □一般			
意见与反馈					

8）优秀成果展示。让每组学生将自己的结果展示出来，通过企业技术员与教师进行现场评定，并将优秀成果向全班展示出来。这样的活动很好地激发了学生的学习积极性，促使学生从多方面思考问题，培养创新精神。

9）企业点评与迁移。请实训基地负责人对项目生产成绩进行验收，对学生完成情况给予点评；请企业技术员进行验收，对学生完成情况给予点评。

根据之前确定的评价标准，教师和学生共同对项目的成果、学习过程、项目经历和经验进行评价和总结。针对项目问题其他解决方案、项目过程中的错误和成功之处进行讨论。有助于促进学生形成对工作成果、工作方式以及工作经验进行自我评价的能力。

评价阶段重要的是对项目成果进行理论性深化，使学生意识到理论和实践之间的内在联系，明确项目问题与后续教学内容间的联系。将项目成果迁移运用到新的同类任务或项目中是项目教学法的一个重要目标，迁移可作为附加教学阶段。学生迁移运用的能力并不能直接反映出来，而是在新任务的完成过程中体现出来。

2.《禽生产》教学案例

任务名称——（樱桃谷鸭）肉鸭的饲养

（1）任务目标。①知识目标。弄清樱桃谷鸭生长特点及生产性能。②技能目标。能熟练操作樱桃谷鸭的饲养管理技术。③教育目标。培养学生的情感、态度、价值观，培养学生实际操作能力，以及与同伴合作交流的意识和能力，加强团队合作。

（2）任务重点。①使学生了解实施一个养殖任务的全流程。②综合运用知识解决实际问题。③熟练运用《禽生产》课程中所学知识解决肉鸭生产中的实际问题，完成肉鸭生产任务。

（3）任务难点。①学生综合运用知识来解决实际问题的能力。②分工合作完成整个项目的能力。③健康饲养肉鸭，从而正确地判断和处理疾病。

（4）教学方法。任务驱动教学法。

（5）教学过程。肉鸭饲养的教学过程如表1-20所示。

表 1-20　（樱桃谷鸭）肉鸭的饲养教学过程分解

<table>
<tr><td colspan="5">1. 明确任务</td></tr>
<tr><td>情境描述</td><td colspan="4">饲养一批樱桃谷鸭的雏鸭并达到出栏阶段，争取做到育雏成活率>98%，肉鸭出栏率>98%</td></tr>
<tr><td rowspan="2">学习目标</td><td>知识目标</td><td colspan="2">技能目标</td><td>素质目标</td></tr>
<tr><td>1. 我国水禽生产现状
2. 水禽的品种及分类
3. 樱桃谷鸭的特点及生产性能</td><td colspan="2">1. 樱桃谷鸭的脱温下水
2. 樱桃谷鸭的出栏</td><td>1. 团队分工协作能力
2. 工作纪律性
3. 良好的设备仪器操作习惯</td></tr>
<tr><td colspan="5">2. 制订计划</td></tr>
<tr><td rowspan="2">学习内容</td><td colspan="2">任务内容</td><td colspan="2">技能训练内容</td></tr>
<tr><td colspan="2">1. 育雏前的准备
2. 日常饲养管理
3. 雏鸭常见疾病的免疫及用药</td><td colspan="2">1. 育雏舍及育雏设备的清洗消毒
2. 初饮、开食与日常饲喂及饮水
3. 育雏舍供热、加湿、通风换气、光照及密度的控制
4. 雏鸭的脱温下水
5. 雏鸭免疫接种</td></tr>
<tr><td rowspan="2">课时安排</td><td>知识点讲解</td><td>岗位技术培训</td><td>现场教学或案例分析</td><td>企业生产实训</td></tr>
<tr><td>2</td><td>8</td><td>4</td><td></td></tr>
<tr><td rowspan="2">教学资源配置</td><td>任课教师要求</td><td colspan="2">教学环境设备</td><td>网络教学资源</td></tr>
<tr><td>双师型教师≥2人、实训指导教师≥2人</td><td colspan="2">育雏室、育雏用具、小鸭料，其他配套消毒运输设备+养鸭水面</td><td>多媒体课件、肉鸭养殖有关图片库、试题库及视频</td></tr>
<tr><td colspan="5">3. 做出决定</td></tr>
<tr><td>教学方法建议</td><td colspan="4">1. 技能点进行现场示范教学，边教边做
2. 知识点如“工艺流程”等能够采取现场教学的尽量采取现场教学；其他较抽象的可以用多媒体进行课堂讲解
3. 以经验积累为主的技能训练项目，宜反复进行训练，达到熟练操作程度</td></tr>
<tr><td colspan="5">4. 实施计划</td></tr>
<tr><td>组织方式建议</td><td colspan="4">1. 按每组 5~12 人进行分组
2. 每组分配 1 间育雏室+大约 1 亩水面，饲养大约 500 只樱桃谷鸭
3. 鸭苗和饲料可以考虑让学生投入，可以利用上一个情境中孵出的雏鸭，进行本情境的学习；也可以从市面上购买肉鸭苗进行饲养学习</td></tr>
<tr><td colspan="5">5. 检查控制</td></tr>
<tr><td>项目检查</td><td colspan="4">1. 学生分组检查本项目的完成情况，各阶段任务内容完成后分小组向教师汇报任务的执行情况，共同分析、解决项目实施过程中存在的问题，遇到无法解决的问题时请求老师帮助并做好记录。
2. 遇到普遍性问题，老师可以组织学生演讲与讨论</td></tr>
</table>

6. 评定反馈	
评测依据	1. 项目实施计划书 2. 生产指标（成活率、料肉比等） 3. 生产记录或日志 4. 问题提出及解决办法的小组讨论报告 5. 任务总结报告

自评/互评表如表 1-21 所示。

表 1-21 任务完成情况评价

		评定（3，2，1，0）		
项目内容	要求	自评	组评	师评
是否充分听取客户（消费者）的意见	□充分　□一般　□不充分			
选择品种是否合理	□合理　□一般　□不合理			
养殖规模是否合理	□合理　□一般　□不合理			
生产性指标是否达到	□达到　□一般　□没达到			
是否解决了生产中遇到的问题	□非常好　□一般　□需改进			
应用价值（经济效益如何）	□好　□较好　□一般			
意见与反馈				

（第一行合并：（樱桃谷）肉鸭的饲养任务活动评价）

此类教学方法的特点为：以生产出某种禽产品为学习导向，将学习内容融于工作任务中；可以让学生自己投入，自己销售，学生"不得不"进行成本核算和市场营销的学习，培养学习的经营管理意识；每个任务均分组执行，并进行讲评或评比，锻炼了学生团队协作的能力、语言表达沟通能力和工作进取心。

六、专业调查法

（一）调查法教学法的意义

调查（考察）法是一种由教师和学生共同参与的教学方法，由教师和学生共同计划，由学生独立实施的一种"贴近现实"的活动，它包括信息的搜集、积累经验和训练能力。这种教学方法的中心是学生独立搜集和整理不同来源的信息。

（二）调查法教学法的应用范围

调查法可用于项目教学方法中，也可以作为一种独立的教学方法用于畜牧行业企、事业单位的现场考察中，通常就是我们说的参观。例如，畜牧场环境的考察，猪场的考察，饲料厂的考察，肉联厂的考察，客户调查，畜产品市场调查等。就其教学目标来说一般可用于以下方面。

（1）对企业内外部环境感性的、形象化的调研。

（2）企业操作流程和内部组织（联系）的概览。

（3）获知所学知识与生产实际的内部联系和相互作用的关系。

（4）分析畜牧生产对环境造成的影响。

（5）促进交流能力。

具体来讲，比如：

（1）考察某养殖生产企业工作条件和生产流程。

（2）考察某畜牧生产环节所采用的特定仪器、设备、材料、方法。

（3）养殖企业的组织结构和员工协同工作情况。

（4）养殖企业的畜舍建筑和环境保护。

（5）某生产环节的操作规程和制度的应用情况。

（三）调查法教学法体现的教学原则

1. 发现学习

学生通过调查独立了解养殖生产中的客观现实，并且在已有的知识和技能的检查上获得新的知识，本身就是一项研究活动。

2. 主动学习

学生需要独立地对整个调查活动进行深入计划、实施和评价，这就体现主观性原则。因为学生在学习过程中一直发挥着主导作用，学习的成功与否完全取决于自己，而不是别人。

3. 社会学习

在完成调查的各个环节上，学生必须与他人合作。包括在准备与计划阶段与同学之间的沟通与意见交换，在调查中需要与陌生人进行面谈并对其内容作出评判，最后需要向小组展示调查结果。这种形式的社会学习是学生个性和社会能力得到发展的重要前提。

4. 方法学习

调查法的使用目的不单单是调查的知识获得。重要的是，调查活动其实是一个在方法指导下的学习过程，学生应该具有提出方法的能力。

5. 行动导向

调查是以行动为导向的，"行动"与"行为"的区别在于前者有目的性。学生在调查中要体现的是有目的的行为，不仅要有精神和思想准备，而且还要有创造性的行动。

6. 跨课程（学科）的学习

调查法展现的不是某一课程的内在逻辑联系，而是现实状况与过程之间的关系。因此，通过调查来学习打破了教学领域间的界限，它同时涉及了技术、社会、经济等多个方面的学习内容，体现了多课程（学科）学习的理念。

（四）调查法应用举例

1. 畜牧场环境卫生调查与评价

（1）教学目标。通过畜牧场场址选择、地形地势、水源土壤、建筑物布局、环境卫生设施以及畜舍卫生状况等方面进行现场观察、测量和访问。使学生全面了解畜牧场环境卫生调查的基本内容与方法。具备综合分析能力、评价环境卫生的能力。

（2）考察场地。本校（或附近其他单位）畜牧场。

（3）调查内容。①牧场位置。观察和了解畜牧场周围的交通运输情况，居民点及其他企业厂矿等的距离与位置。②地形、地势与土质。场地形状及面积大小，地势高低，坡度和坡向，土质、植被等。③水源。水源种类及卫生防护条件，给水方式，水质与水量是否满足需要。④平面布局情况。平面布局调查包括：全场不同功能地区的划分及其在场内位置的相互关系；畜舍的朝向及距离，排列形式；饲料库、饲料加工调制间、产品加工间、兽医室、贮粪池以及附属建筑物的位置和与畜舍的距离；运动场的位置、面积、土质和排水情况。⑤畜舍卫生状况。畜舍类型、式样、材料结构，通风换气方式与设备，采光情况，排水系统及防潮措施，畜舍防寒、防热的设施及其效果，畜舍小气候观测结果等。⑥畜牧场环境污染与环境保护情况。畜粪尿、污水处理情况，场内排水设施及污水排放情况，绿化状况，场界与场内各区域的卫生防护设施，蚊蝇孳生情况及其他卫生状况等。⑦其他。家畜传染病、地方病、慢性中毒性疾病等发生情况。

（4）环境评价。将收集到的历史数据和实测数据加以筛选，进行分析处理。并以此为线索，建立模式，探求环境质量形成、变化和发展规律，最后分析和对比各种资料、数据和初步成果，得出评价结论，制定污染防治管理办法及对策。

环境调查报告书是整个工作的总结和概括，文字应准确、简洁，并尽量采用图表和照片，论点明确利于阅读和审查。

2. 农户走访调查与技术推广

（1）教学目标。通过现场调查研究，发现生产中存在的普遍问题，并制订出相应的改进日粮和家畜饲养的方案，从而强化学生综合运用本课程知识、吸纳新知识和分析解决问题的能力以及技术推广技巧。

（2）考察场地。学校周边养殖户与养殖场。

（3）调查内容。①畜禽资源和饲料资源状况、出栏率（量）、存养量、生产水平、饲料转化率和经济效益等。非常规饲料资源的利用情况。②养殖企业（场）的组织形式，农户适度规模饲养以及典型养殖户的有关情况。③养殖技术方面存在的问题和不足，以及对此所采取的措施。④为发展畜牧业，本部门做了哪些具体工作，效果如何？⑤畜牧技术推广体系的现状和今后的规划与目标。⑥品种及杂交情况。⑦日粮配合，原料选择，当地可利用的其他饲料原料以及添加剂的使用情况及其效果。⑧饲养技术。⑨生产水平。

参考文献

关志伟，2010. 现代职业教育汽车类专业教学法 [M]. 北京：北京师范大学出版社.

谷忠慧，2011. 搭建角色扮演的平台培养创新意识 [J]. 新课程研究（5）：21-22.

何志勇，2010. 项目教学法及其在中职技能教学中的应用 [D]. 武汉：华中师范大学.

胡迎春，2010. 职业教育教学法［M］. 上海：华东师范大学出版社.

姜雪，严中华，2010. 引导文教学法在高职创业教育课程中的运用［J］. 职业教育研究（2）：131-132.

李坤，赵阳，宁静，2009. 德国职教项目教学法的理论研究与实践及推行策略［J］. 吉林工程技术师范学院学报，25（3）：25-27.

孟庆国，2009. 现代职业教育教学论［M］. 北京：北京师范大学出版社.

宋扬，2010. 中国公共管理案例库建设研究［D］. 湘潭：湘潭大学.

孙爽，2009. 现代职业教育机械类专业教学法［M］. 北京：北京师范大学出版社.

邢晖，2014. 职业教育管理实务参考［M］. 北京：学苑出版社.

萧承慎，2009. 教学法三讲［M］. 福州：福建教育出版社.

肖调义，2012. 养殖专业教学法［M］. 北京：高等教育出版社.

徐英俊，2012. 职业教育教学论［M］. 北京：知识产权出版社.

张秀国，2010. 基于工作过程的职业教育项目课程研究［D］. 石家庄：河北师范大学.

模块二　动物科学专业教学特点分析

【学习目标】

本模块主要讲述作为教师应当熟知动物科学专业的学生特点、教学内容和教材，能针对具体的教学进行教学设计，并利用各类方法进行教学资源库的建设、教学媒体的应用与教学环境的创设，同时能对教学效果进行有效的评价。

【学习任务】

➤ 了解中等职业学校动物科学专业学生的特点。

➤ 熟知中等职业学校动物科学专业的教学内容与教材分析。

➤ 中等职业学校动物科学专业教学设计与分析的认知。

➤ 掌握动物科学专业教学资源库建设的方法。

➤ 能熟练应用动物科学专业的教学媒体并对教学环境进行创设。

➤ 能熟知动物科学专业教学效果评价的内容与方法。

项目一　动物科学专业学生特点的认知

为了改进教育教学方法，探讨出符合学生身心发展的教育教学方法，我们必须了解动物科学专业教育的对象——学生的特点。

一、职业学校学生学习心理特征

中等职业教育是促进经济、社会发展和劳动就业的重要途径。其教育过程是教师和学生协同活动的过程，教师在这个过程中起主导作用，学生起主体作用。为提高职业学校的教育质量，培养学生的综合职业素质，教师必须认识和分析新时期中等职业学校学生的特点，掌握其思想发展变化规律，从实际出发，有针对性地进行教育，才能达到预期的教育目的。

（一）中等职校学生年幼自尊、个性鲜明、智能各异

职校学生年龄一般在 14～18 岁，属于青年早期，也是人生最为宝贵的关键时期。从普通初中到职业学校，从单纯接受科学文化知识教育到学习职业技术为主的职业教育，都会引起职校学生心态的急剧变化。因此为了把他们培养成为适应社会主义现代化建设需要的、有科学文化知识、有一定生产技术技能的人才，就必须了解他们身心发展和个性发展的特点，熟悉和掌握他们智能发展和思想发展的规律。只有这样，才能有的

放矢，卓有成效地开展教育、教学工作，承担起塑造新型一代技术人才与劳动大军的神圣使命。

中等职业学校学生具有职业的自尊心理，所谓职业的自尊心理，即职业学校学生对所学专业的热爱与向往。职业学校学生在校期间，既要学习文化基础知识，又要掌握未来工作所需的专业基础知识和专业技能，一般来讲，升入职业技术学校的学生，实际上就初步确定了今后将从事的职业，因此他们绝大多数热爱自己的专业，并逐步形成了职业自尊心理。但由于传统的偏见，社会上一部分人鄙薄职业技术学校，尤其是动物科学之类的农科专业，因此必然会或多或少地影响和刺激学生对所学专业的信心。为此教师必须对学生加强专业思想教育和引导。

现阶段中等职业学校的学生构成主要是不能上普通高中的学生，他们中的大多数是基础教育中经常被忽视的弱势群体。理想与现实的脱节造成了中职生的逆反心理。严重的失落感，加上缺乏合理正当的表现机会，一些中职生试图通过逆反的或对立的角色和行为来突出自我的存在，设法引起别人对自己的关注，以此获得异常的自我满足感，因此表现出了鲜明的个性。有些学生社会性情感表现冷漠，从当前中职生的实际情况看，狭隘、妒忌、暴躁、敌对、依赖、孤僻、抑郁、怯懦、神经质、偏执性、攻击性等不良的性格倾向已经成为相当一部分中职生的个性心理特征。一些中职生可以毫不犹豫或毫不内疚地说谎、欺骗、敲诈或偷盗，偏执型、表演型、反社会型、焦虑型等人格障碍倾向在一些学生中也有明显表现。中职生的逆反心理和叛逆人格是多次遭遇严重挫折之后的一种习惯性的退缩反应，如何纠正这种逆反心理和叛逆人格，需要中职教师的爱心、耐心与恒心。

中职学校学生智能各异，思想活跃。所谓智能，也即常说的感知、记忆、想象和思维等方面的能力。因此，中职学校应根据其培养目标，科学设置课程与教学内容，采取工学交替的途径来引导学生学习的兴趣，采取"教、学、做"合一的方式来开发学生智能结构，促进学生多元发展。其途径是在提高文化素质的基础上，掌握专业基础理论知识和专业技能；在知识结构上，要求具有文化基础知识、政治基本理论知识、专业基础理论知识，以及实际生产知识等全面知识；在能力结构上，要求具有专业技术能力、职业适应能力、相应的管理与社交能力等全面能力；在人才类型上，成为工艺型、能力型、综合型专业技术人才。

因此，在感知方面，中职学校学生比普通中学学生发展要快一些，就某些特殊专业而言，职业学校学生感知能力比普通中学学生强，因为职业学校学习要求重视实践教学，在实践教学中学生通过实际操作或工作场景现场感受，能很快提高与专业相应的感觉、触觉、视觉等职业性感知能力。在记忆方面，虽然普通中学和职业学校学生的视觉记忆和听觉记忆的发展基本上没有差别，但触觉记忆、嗅觉记忆与味觉记忆，这些被称之为职业形式的记忆，职业学校学生发展就比普通中学学生快，由于从事某种职业的特殊活动的需要，这些记忆会获得优势的功能，如烹饪专业的学生在嗅觉、味觉记忆方面便得到了高度的发展。在思维方面，职业学校学生思维发展也同普通高中学生一样，从特殊到一般的概括能力有了一定的发展，在理解事物一般属性的基础上，从一般到特殊的具体化分析能力迅速提高，思维的智力素质逐步形成，逻辑推理能力不断发展，逻辑条理性不断提高。由于思维是人脑对客观现实的反映，中等职业教育要求学生具有一定的从事某种职业或专业方面的知识、技能和能力的特殊反映，在学生思维模式上，使职校学生的思维模式具有职业化特点，职业学校学生在认识事物的性质及其他类事物的关系时，或者从部分事物相互联系的事实中去寻找普遍的或必然的联系时，或者借助于某些媒介物与头脑加工来进行反映时，往往具有职业化特点。在想象方面，由于受求职需要和学习动机的推动，受职业学校教育目的的调节，其想象具有不同于普通中学学生的特点，表现为想象已由具体的、虚幻的向抽象的、现实的方向发展。特别是创造想象较普通中学学生越来越占优势，不少专业的学生头脑中充满了创造想象。

（二）中等职业学校学生学习动机、特点和策略

中等职业学校学生正处在身心发展的转折时期，他们的学习、生活模式正由义务教育向职业教育转变，发展方向由以升学为主向以就业为主转变，并将直接面对社会和职业的选择。这期间的种种变化使得他们在自我意识、人际交往、求职择业以及学习、生活和成长等方面难免产生各种各样的困惑和问题，尤其是在学习动机和学习策略方面存在着较大的问题。

学习动机是推动学生进行学习活动的内在动力。激发学生的学习动机，促使他们积极、主动、自觉地学习，对于进一步发挥他们在教育教学活动中的主体作用、提高其整体素质是一条重要且有效的途径。

"学习策略"这一概念的提出已经有半个世纪了，但迄今为止尚没有一个确切的定义。国外学者把学习策略看作是内隐的学习规则系统、具体的学习方法或技能、学习的程度与步骤和学生的学习过程等。国内学者认为学习策略是促进学习者获得知识或技能的内部的方法总和、是学习活动的内部方式或学习技巧、是调控学习环节的操作过程、是有效学习的程序、规则、方法、技巧及调控方式等。一般认为，学习策略是指学习者主动地对学习的程序及工具、方法进行有效操作，从而提高学习质量和效率的一种操作系统。学习策略是中职教育亟待加强的领域，目前在中职教育中还普遍存在着重知识传播、忽视学生学习方法教育和培养的现象。认知心理学家认为：没有任何教学目标比使学生成为独立的、自主的、高效的学习者更重要。因此，教会学生学习，让学生掌握学习策略，成为中职教师的一项迫切任务。

目前中等职业学校学生普遍存在着学习动机缺乏的现象，如果不引起足够的重视，不采取必要而有效的措施，这种现象势必不断扩散、蔓延，影响校风和学风，影响学校输送的人才素质，最终影响学校的发展和生存。所以，掌握中职学校学生学习动机的激发艺术，转变他们"要我学"为"我要学"的学习态度，利用更好的学习策略以提高教与学的效率，是中职教师重要的工作目标。

激发学生的学习动机，首先应解决其思想问题。中职学校学生学习动机的缺失，与其缺少应有的责任感、使命感有很大关系。教师应利用主题班会、专题报告会、学科课堂教学等形式。对学生进行理想前途、社会责任感、历史使命感、科学世界观、人生观、价值观等的教育。例如，向学生介绍毛泽东、周恩来等老一辈无产阶级革命家从小立志振兴中华的故事，岳飞、林则徐等历史人物从小立志报国的故事，发明家爱迪生、科学家居里夫人等，面对多次的实验失败，毫不气馁、终获成就的

故事，著名数学家华罗庚逆境成才的故事，张海迪身残志坚，顽强学习、写作的故事等，帮助他们树立远大理想、明确正确的学习目的，激发其学习动机和为祖国未来建设而努力学习的热情。

中职学校学生入学分数线较低，由于升学压力等原因，中职学校学生中的大多数存在一定的心理障碍，应加强对他们的心理健康教育，为他们提供心理咨询、心理障碍疏导的服务。还可通过个别谈话、小组座谈等形式，了解学生心理发展动态和其缺乏学习动力的具体原因，以便"对症下药"。要调整学生学习情绪，使其心灵深处迸发出渴望学习的火花。

在教育资源极大丰富、教育渠道交错繁杂的现代教育氛围下，课堂教学仍是教育学生的主渠道和主阵地，绝不能忽视对课堂教学艺术的研究和探讨。

教学有法，教无定法。教师应根据学科和教材的不同特点，在教法上不拘一格，灵活多变。针对中职学校学生基础较差的特点，在讲课时要注意由浅入深、由易到难，尽量降低学习的坡度，让学生有一定的理解、消化的时间和空间。同时，要通过各种教学手段，充分吸引学生的注意力，调动、激发他们的兴趣和热情。

在教学管理过程中，师生之间的信息沟通是非常重要的一个环节。教师可以通过师生联系簿、电子邮件、QQ、周记等载体加强与学生的交流沟通。这种师生之间的互动，有利于师生间情感的交流，有利于教师的主导作用和学生主体作用的发挥。通过信息的反馈，一方面有利于教师及时了解学生的思想动态、心理倾向和学习、生活情况，以便根据他们的具体实际，及时修改教育教学计划、调整教育教学方法；另一方面也有助于学生及时了解自己的进步、成功或不足，帮助学生发扬成绩、弥补不足，使其树立信心、强化学习动机，从而形成有利于学生进步的内、外部条件。

由于不同学生的文化课基础、智力、能力等方面是有差异的，他们对同一知识的理解、把握也是有一定差别。在教育教学活动中如能对学生分出不同层次，因材施教，分别提出不同的要求（例如根据学生的学习能力安排不同数量和难度的作业），并施以分类指导，让每个学生都能学有所得，都有获取成功的机会。要尊重并科学引导学生个性的张扬，若处理恰当，就可以减少学生学习的难度系数。使学生由害怕学习发展到不怕学习，再发展到关注学习，进而转化为热爱学习——对学习产生强大的内在动力，使他们的学习能力都得到最佳发展。

在现阶段的中等职业学校里不少学生学习目的不够明确，学习动机层次不高，他们也不存在考虑学习策略的问题，部分学生是想学又不知道如何去学，学些什么为好，部分学生学习的实用化倾向明显，只知道过分追求学习上的急功近利和"短平快"，对学习文化基础课和思想品德课很不情愿，觉得学了将来没有用等于在浪费时间，还不如不学。这就给教师提出了挑战：怎样才能使学生掌握正确的学习策略，从而在短短的几年时间里学会学习，掌握最佳的学习策略，达到事半功倍的效果；教学生学会正确的选择和利用有价值的信息；如何激发学生的求知欲，启发他们积极的思维等。

二、动物科学专业学生特征

中等职业学校动物科学专业学生不仅具有职业学校学生的一般特征，动物科学行业的特殊环境和条件及动物科学专业特殊的学生来源也决定了动物科学专业学生有不同于一般职业学校学生的特点。

（一）动物科学专业学生来源

中等职业学校动物科学专业招收初中毕业生，学制3年，培养目标是使学生具有一定的动物科学专业技术知识，具有广泛、扎实的普通文化知识，并有较强的适应社会和对科学技术迅速变化的能力。但由于高校招生并轨后，取消了包分配和国家干部指标，加上大学的扩招，使得"普高热"持续不减，这给中等职业学校的动物科学专业招生带来巨大的冲击，使得其招生处于困难的境地。中考考分较高的学生绝大多数不愿意选择农类学校，一般的中等职业学校几乎是来者不拒，甚至在教育产业化大潮中，许多中等职业学校的招生也早已进入了市场化运作模式，招生教师使出了浑身解数招揽生源，这也就导致就读农业类中等职业学校几乎没有了文化基础的门槛，于是中考被淘汰的学生、成绩比较差的学生、在初中时已经养成了不良行为习惯的学生等只要有初中毕业证书都可以被招进中等职业学校学习，有的职业学校甚至还招收初中没有毕业的学生。有些学生是不想学习而被父母强迫送来的，甚至一部分家长把孩子送来学校的目的就是让学校帮他们管着，只要不让他们出去跟社会上的不良人士混在一起就可以。这样就造成了农业中等职业学校的生源文化基础相当差，可以说相当多的学生根本就不具备学习专业技术所需的基本文化知识条件和学习习惯。

愿意就读农类专业的学生基本是来自农村，刚初中毕业的农村孩子大多数对专业性质和就业领域还完全处于未知状态或不考虑的状态，在选择专业时部分孩子只是听取家长或稍微有点见识的邻居们的意见，他们大多数人认为动物科学专业就是养猪、养牛之类简单的事情，甚至有些学生认为学养猪还不如就在家里学，到学校也是无奈，所以在报专业时只有少数同学自愿报读动物科学专业。

近几年的调查结果显示，大部分动物科学专业学生是在中职学校教师费尽口舌后才报读这个专业的，动物科学专业为了招满学生，想尽一切办法，有的教师说服一两个学生后，由这一两个学生再带动一批学生报读这个专业，但是这些学生大部分也表示当时只是家长们明白了读这个专业的好处和优势，而他们自身还只是处于朦胧的意识之中。还有部分学生是因为近年来一些地区动物科学专业的升学概率比较高而选择这个专业，并且有些文科学生为了能升学中途转入这个专业。

（二）动物科学专业学生心理特征

中职学校动物科学专业学生在心理特征方面与一般中等职业学校学生具有相同的特性，但大部分农村父母把改变人生命运的希望寄托在子女身上，他们希望子女能够在高于自己的生活环境中生存发展，于是动物科学专业学生由于来自家庭的压力、社会的压力、动物科学专业特殊性的影响以及就业压力而表现出不同于一般中职学校学生的特性。

大部分动物科学专业学生不热爱自己所学的专业，他们的职业观念比较滞后，认为动物科学专业就是与动物打交道，动物科学工作环境也就是脏臭的环境，他们把自己的思维圈定在窄小的猪舍羊圈之中，他们对动物科学职业的人才需求模糊，对自己未来的就业行业缺乏了解，对动物科学行业的岗位不能明确定位，对自己的前途缺乏理性思考，于是出现了严重的自卑自贱的心理，他们认为从事动物科学业的人"低人一等""矮人三分"，有的甚至出现自我贬低、自我否定，表现出自暴自弃、破罐破摔等消极现象。这部分同学也就缺乏学习兴趣和动机，他们对以后的就业带有过分焦虑的心情，有的出现自信心不足的心理，总寄希望于学校或家长帮助解决自己的就业门路或去向。这部分同学没有创业的精神和动机，他们缺乏应有的社会责任感和历史使命感，缺乏科学的世界观、人生观和价值观，没有远大的理想抱负。

还有 1/4~1/3 的同学表现积极，上课认真，他们为自己的前途作打算，大多数是看中高校扩招的机遇，也是动物科学专业中基础较好的一部分学生，他们的目标只有一个，就是要考上大学，于是这部分学生的心理特征更多地表现出与普高学校学生相似性的特点，但因其所处环境的不同，以及他们的专业具有定向性，所以与普高学生相比，他们也表现出自卑的心理，并且他们对自己的前途也具有固限性，加上他们对自己专业领域缺乏了解，所以他们也缺乏远大目标。

三、动物科学专业学生的学习策略

学习的动机是动物科学专业学生学习力量的主要源泉，但中职学校动物科学专业学生大多缺乏学习的动机，因为他们学习的对象主要是动物，一般的同学见了那些凶猛而庞大的动物会望而却步，即使是胆大且不怕脏苦的男同学见了小而机敏的老鼠、猎犬之类的小动物也会心里起疙瘩。加上动物科学行业所处的工作环境相对来讲比较脏臭，所以部分学生由于缺乏学习动机而中途放弃。教育者们通过调查研究分析动物科学专业学生缺乏学习动机的主要原因表现在以下几个方面。

缺乏学习的兴趣。兴趣是指人对客观事物、活动的一种选择性态度，它是由于事物或活动对个人的生活有一定的意义或者具有情绪上的吸引力所形成的，即对其引起情绪上的共鸣。兴趣是最好的老师，兴趣是学习者最好的学习动机，尤其是对还没成年的动物科学专业学生来说。一个人如果对某种职业感兴趣，他在学习和工作中就能全神贯注、积极热情、富有创造性地去完成工作，即使困难重重也决不灰心丧气，而且会想尽办法战胜困难。但由于动物科学对象及动物科学环境条件的特殊性，使得部分缺乏对本专业有深刻认识的学生无法对本专业产生兴趣，他们对专业没有学习兴趣，认为动物科学行业不是自己喜欢的行业，甚至对这个专业产生抵制情绪，所以他们很难从心理上克服动物科学专业操作由客观原因而带来的障碍，部分同学也就没有坚定的意志和顽强的毅力来完成自己的学业。

缺乏社会急需技能型动物科学专业人才的意识。一直以来动物科学业在我国仍属于一个弱势产业，但社会经济的发展以及人们生活水平的提高、膳食结构的改变，使得社会对畜禽产品的需求呈现出不断扩大化的趋势，近年来国家对动物科学业的发展越来越重视，因此社会对技能型动物科学专业人才的需求也越来越大。动物科学专业是一个根据国家的教育方针和需求，以培养为"三农"服务，热爱祖国，有良好的职业道德和敬业精神，德、智、体、美、劳全面发展，适应社会主义市场经济发展需要，具备从事本专业必需的理论知识和专业技能，具有良好职业道德、综合职业能力和全面素质，在生产、服务、技能和管理第一线从事本专业工作的职业技能人才和高素质的专业管理人才为准则的专业。但由于中职学校动物科学专业学生处于心身成长的过渡时期，他们的意识还处于一个幼稚朦胧的阶段，他们不能正确分析社会的形势及社会对人才的需要，他们看不到学习动物科学专业的前途和希望，所以他们虽然已步入这个行业，但他们却没有学习本专业的动力，于是不知如何展现自己的才能，实现自我的价值。

缺乏创新的意识。"创新是一个民族进步的灵魂，是一个国家兴旺发达的不竭动力。一个没有创新能力的民族就难以屹立于世界先进民族之林。"与一般中职学校学生一样，动物科学专业学生在学习过程中始终处于一个被教、被管、被考的被动角色。他们缺乏自立、自主学习的意识，而只习惯于传统的以教师为中心的满堂灌的教学模式，由于对动物科学专业及行业缺乏了解和深刻的认识，因此他们对书本知识及教师传授的知识没有任何质疑。这些学生没有明确的学习目标，他们对自身的发展没有基本的思考，他们的思维还定势于以"知识为中心"的学习，而不能定势于以"能力发展为本"的学习，所以也就更谈不上有探究合作能力提升的目标。总之中职学校动物科学专业学生没有自主构建知识的意识，没有知识创新的意识，缺乏学习的主动性和自主性。

有效引导学生自主学习的教学方法对于提高学生的素质能力、学习兴趣和解决问题能力、动手动脑能力、创新能力、团结协作及社会适应能力都必会起到积极发展的作用。学习策略是中职教育亟待加强的领域，目前在中职教育中还普遍存在着重知识传播、忽视学生学习方法教育和培养的现象。认知心理学家认为：没有任何教学目标比使学生成为独立的、自主的、高效的学习者更重要。学生的学习成绩与学习策略相关，学习策略可以使学习者提高学习效率。中职生的学习策略水平整体较低，迫切需要教师帮助他们进行训练，使学生形成适合自己的学习策略。

对中职学校动物科学专业学生学习策略的探究，不应该仅仅是教育学家、心理学家的专利，更应该是广大动物科学专业教师的一项责任。根据中职学校动物科学专业学生的特点，我们不仅要使学生掌握知识获得策略，也要让其掌握如何有效地将知识运用于动物科学行业以解决实际生产问题的应用技能策略。中职学校动物科学专业学生学习策略不应仅仅包括对知识的掌握和迁移，更重要的是技能和综合素质的培养和训练，学生的学习目标是一种综合能力及素质的提高。因此我们针对不同的学科，在课程开发、教材编写、教法选择及实训教学等方面进行广泛而深入的探究，并将研究成果应用到中职动物科学专业的教育中，切实提高中职动物科学专业教育的教学质量，是一件意义十分重大的举措。

动物科学专业学生要在学习过程中积极有效地获得知识，并将所获知识进行迁移，举一反三，主动建构知识意义是进行有效学习的根本途径。无论采用什么样的学习方式，教师都要善于利用各种教学手段，积极引发学生的先前经验和直觉，调动学生的积极性和主动性，使其在学习活动中通过先前经验的重组和转化，完成预定的学习目标，并让意义建构得以继续延伸。教师要转换自己在教学活动中的角色，使自己由知识的讲授者转变为学习的引导者、技术的指导者，由在学生心目中的权威形象转化为学生学习活动中的平等伙伴，从而达到教师传授学习方法的目的。

在动物科学专业的教育教学中已经开始打破重理论、轻实践的传统教学模式，实践课所占的比例越来越大，实践技能的获得也已成为衡量学生学习成功与否的重要标志。技能学习不同于一般知识的学习，它是心智活动与肢体动作协调所呈现的行为表现；是学习者在教导之下，依照自己的起点行为与教材难易度，依循由易而难、由浅入深、由简入繁、由观察到模仿，由实际具体操作到抽象设计的步骤，再经熟练定位，达到流畅精熟地步的过程。专家认为，技能学习的过程可分为三个阶段：认知阶段，即学习者通过观察教师所做的示范动作进行技能模仿；定位阶段，即学生将简单动作连接成复杂动作；自动阶段，即学生能形成稳定的技能。在中职动物科学专业的教育教学中，教师需要采取一定的策略，帮助学生认识并初步形成自己的技能学习策略。比如将案例分析法、模拟教学法、角色扮演法、分组分享法、项目引导法等多元教学策略融入技能教学过程中，激发学生的学习动机和兴趣；采用精讲多练的课堂教学模式，让学生自主学习和进行精致化的练习；采取多元化考核方式，考试与职业资格证书接轨，使学生的学习目的更明确从而进一步端正学生的学习态度等。对于技能学习的许多问题，如影响技能学习策略选择与使用的因素有哪些，练习对获得技能的有效性，中职生技能学习策略的培养途径等，还值得我们进一步探究，以达到使学生形成适合自己学习策略的目的。

项目二　动物科学专业教学内容和教材的分析

一、动物科学专业课程的教学目标

教学目标是指教师对学生的学习期望，在获取知识和能力两方面所达到的效果。这是教学的出发点和归宿，是教师组织教学、设计教学、评价学生学习效果的依据，是保障教学质量的前提。教学目标是设置课程、制定课程标准、编写教材、实施教学都要解决的首要问题。研究教学目标，也就是研究教学方向和育人标准。教学目标贯穿于教学的全过程，对整个教学都起着主导作用。明确的教学目标能够使教学活动具有针对性、有效性和可操作性；反之，教学活动就具有随意性、盲目性，达不到教学目的，完不成教学任务。

动物科学专业职业教育是应用型教育，教学目标的制定要突出实用性。这种培养目标应具有明确的专业职业方向性，使学生在校期间基本完成上岗所需要的职业能力和良好的素质培养。毕业生不仅是职业型人才，更重要的是成为素质型人才。这里所说的素质包括专业素质、文化素质、心理素质、思想素质及身体素质等。因为毕业生的事业成功与否，不仅取决于他所拥有的专业知识和技能，更重要的取决于他的综合职业素质，如敬业精神、开拓进取精神、勤奋精神、团队协作能力等。

动物科学职业教育针对畜牧行业岗位群的需要，其目标是培养拥护党的基本路线，具有良好的工作态度，适应畜牧业区域经济建设和畜牧行业第一线需要的，具有从事畜禽生产、畜禽疾病防控等所需要的基本知识和实践能力，德、智、体、美等方面全面发展的应用技能型人才。

二、动物科学专业教学内容与分析

中等职业学校动物科学专业的课程教学不同于文化基础课程，其课程设置的原则是基本理论以必需、够用为度，以讲清概念、强化应用为目的，专业课程重在强调生产实践中的应用。专业课教学要根据中等职业学校的培养目标和教学规律，并结合动物科学专业课的专业性、实践性来组织教学，提高教学质量，从而培养出适合社会发展所需的具有创新精神和实践能力的劳动者和技能型人才。

动物科学专业课教学应根据职业教育的培养目标和教学规律，认真组织教学，提高教学质量。为此，在具体组织实施教学过程中，专业课教师需要认真分析和组织教学内容。

一般来说，教科书是教学内容的主体，但仅仅依据教科书来审视全部教学内容是不够的。教学内容广义上讲是学生应该掌握动物科学的知识、技能，应该获得先进的思想、观点，以及良好行为习惯形成的总和，因此，需要教师恰当选择教学内容。那么，作为动物科学专业的教师应如何选取最重要、最值得学习的内容呢？我们认为首先应该依据国家规定的各门学科的教学指导方案，其对各门学科的教学内容从质和量上做出了规定，为我们提供了选择教学内容的根本依据。另外，职业教育的课程教学内容必须以职业活动为依据，以工作过程为导向，课程的实例、实训和主要的课堂活动，都要紧紧围绕职业能力目标的实现，尽可能取材于职业岗位活动，以此改变课程的内容和顺序，从"以知识的逻辑线索为依据"转变为"以职业活动的工作过程为依据"。

（一）充分实现教学内容的基础性

由于动物科学专业涉及的知识众多与教学时间有限之间存在矛盾，所以在教学内容的选择方面要注重基础性。基础性是指精选动物科学专业的基础知识、基本规律为教学的主干内容。基础知识、基本规律应用同时具备两个特征：一是处于知识体系最底部、须透彻理解的知识；二是能引申出众多迁移结果的知识。基础知识与基本规律具有适用性广、包容性大、概括性强等特点。只要突出了这些知识，就能真正起到提纲挈领的作用。这样才能在主体结构上突出主干内容，建立合理的"基本结构"，保证基础知识和规律被学生熟练掌握和运用。

（二）促进课程内容间的合理整合

当前国内外很多教育专家都提到了课程综合化的重要意义。有的专家说："现代科学技术发展的综合化、整体化的特点，强调课程的综合性和整体联系"。卢嘉锡院士说："当代科技发展有两种形式，一是突破，二是融合"。所以在教学过程中，应改变以往的偏重理论讲授，专业理论课过于系统化、具体化，并且各相关课程中存在重复的弊端，加大课程的整合力度。这一点在专业基础课之间显得尤为突出，如动物遗传学、动物育种学、动物繁殖学等课程之间有很大的关联性，将这几个课程整合为动物遗传繁育技术一并讲授，就避免了各课程单独讲解所带来的交叉重复的问题，同时也减轻了学生的负担，节约了理论学时，为实践教学提供了时间上的保证。

在专业基础课与专业课之间也存在着交叉重复问题，如动物遗传繁育技术与畜禽生产的繁育技术部分，都强调了每一种动物的育种与繁殖技术。因此，在教学中试将畜禽生产的繁育技术部分内容放在动物遗传繁育技术中讲授，这样就克服了授课内容的重复，同时减少了教学课时，也为实践教学提供了更充足的时间。

(三) 加强课程之间的渗透衔接

在动物科学专业学生的学习过程中，基础课与专业课的衔接问题也较为突出。比如，动物生物化学课与专业课之间存在的主要问题就是生物化学老师对专业不了解，在教学过程中存在着很大的盲目性，不能联系实际。如在动物生物化学的教学中讲"三大营养物质的代谢"时，对专业不是很了解的化学老师只是在强调物质化学结构的变化，而忽略对代谢过程的讲解。这一部分学习的程度直接关系动物营养中的营养物质的功能及营养代谢疾病部分的学习和理解，特别是现代规模化动物科学业中营养代谢病在总的疾病范畴内所占比重比较大，这样一来就使得学生在生产实践中专业知识的应用受到障碍。因此，增加基础课教师与专业课老师之间的沟通，加强课程之间的渗透与衔接，使基础课能针对专业整体需求有选择地进行重点讲解，密切联系实际，从而合理进行课程体系的优化整合，促进课程之间的前后贯穿。

(四) 体现教学内容的实用性

我国职业教育的培养目标是培养社会主义现代化建设要求的应用型专门人才，这就决定了职业技术学校专业教学目的不仅要使学生掌握一定的专业理论知识，而且必须培养学生具有从事某种职业的实际工作能力。

动物科学专业中等职业教育人才的培养最终要落实到服务畜牧业生产第一线上，所培养的学生是具体工作的执行者。因此，教学内容要瞄准市场需要变化，充分考虑教学内容的实用性，有针对地培养人才。如根据行业发展和岗位需求变化，对动物科学专业的教学内容进行调整，如针对动物生产岗位，增加相对应的畜禽生产、动物科学场环境控制、生态动物科学等课程教学比重；针对单个动物饲养减少，群养动物量增加的特点，主要是将散养动物饲养的管理教学内容精简，增加智能化动物科学技术应用内容；针对动物科学专业重动物科学技术教学，增加动物疾病防控教学内容；针对食品安全日益引起人们重大关注，增开绿色生态、有机动物科学等教学内容；针对宠物业逐步增温，在动物生产课基础上增加宠物养护，并新增宠物训导与美容技术。因此，培养学生要严格按照企业及生产一线的需求及现代社会对动物科学人才的要求进行，真正实现订单式培养。在教学内容的安排与选择上，应及时增加新的课程内容，淘汰陈旧的、脱离实际生产岗位需求的教学内容。

目前，中等职业学校动物科学专业的专业课教材大部分具有很强的理论性、系统性，内容细而全、难度大，与大学本科教材非常贴近，体现不出中等职业教育的培养目标。职业教育的教学不同于普通教育，它应当是十分明确地体现在实践能力培养的目标上。因此，在中等职业学校专业课教学中要以职业需要为中心，本着"实用"的原则确定教学内容，不刻意追求学科的完整性、学术性。对实际工作中用不到的或较少用的内容可以不讲或少讲。对理论性过强的内容可以只讲结论，着重引导学生学会理论教学中分析问题和解决问题的方法。如许多繁杂的公式的理论推导，在教学中可对其推导过程简讲或不讲，而是着重于教会学生如何应用。以实用性原则教学，使学生获取"必需""够用"的专业理论知识，并付诸实践。专业课教师在教学中要注重理论联系实际，多举用一些现场中的实例，拉近课堂与现场的距离，增强学生的感性认识，以求达到学以致用的目的，提高就业能力。要增加实绩、实习的时间，拓展实验、实习的范围，要走出课堂，让学生到实际生产一线真题真做，提高学生的动手能力。

三、动物科学专业教材与分析

动物科学专业教学改革是课程改革成功与否的关键，对教学起决定作用的主要因素之一是教材。教材作为教学改革成果的集中体现，是推动教学改革的重要媒介和提高教学质量的重要手段。

中等职业教育培养的是应用型职业技术人才。以学生全面素质提高为核心，以综合能力培养为手段，强调学校与社会的联系，着重理论与实践的结合，突出学生的专业个性特点，树立以全面素质为基础、以能力为本位的教学指导思想，提高教育教学水平。在此基础上必须选择动物科学专业针对性强的教材，或编写符合教学要求的教材。

近几年，中等职业学校动物科学专业的教材进行了很大程度的改革，目前大部分选用的教材与以前相比，更适合职业学校的教学要求。主要表现在以下几方面：首先，课程门类的划分以知识类别为边界，并强调了各自的独立性，如所有的繁育技术归为动物遗传繁育等。其次，随着社会经济的发展和工业化进程的加快，职业教育越来越认识到重视职业技能的训练和培养。在这一指导思想下，学科本位课程有了向技能本位课程的跨越，学科课程进行了不同程度的改良，并且有了专门的实训课程教材。如将不同种类家畜的饲养和防治疾病结合起来，如《猪生产与经营》《禽生产与经营》《牛羊生产与经营》等课程，不以饲养和治病两大学科知识分类进行课程设置，符合职业工作岗位的实际需要。再次，课程设置淡化了学科体系，体现了知识够用为原则的精神。课程教材名称与内容编排与之相适应，如《家畜饲养学》→《动物营养与饲料》→《动物营养与饲料加工技术》。最后，教材的内容由学科知识的陈述，向知识的应用衔接，再向服务于生产跨越，如将原来的《家畜遗传育种学》《家畜繁殖学》课程中难、深和不实用的部分删除，合并形成《畜禽繁殖与改良》课程。

目前，职业教育中大力提倡的"工学结合"的人才培养就是要将工作与学习有机结合起来，开展基于生产、实务、流程的学习和实践活动，实现学校与企业的深度融合，培养符合现代社会需要的创新型技能人才。项目教学模式立足岗位要求，基于职业岗位（群）工作任务的相关性构建课程体系。教学内容以行动化的学习项目为载体。因此，中等职业学校还应选用或重新编写有特色的实用教材，使教材更加充分体现职业教育的教学特点，坚持按职业岗位（群）能力要求整合课程的原则，摆脱学科知识系统的限制，以职业能力培养为核心，以技能训练为主线，以实现培养目标作为内容取舍与结构组合的标准，按照职业岗位（群）对本专业知识、能力、素质的要求整合课程，精简课程门类，避免交叉重复。

在课程整合过程中，不求学科体系的完整，但要强调课程内容的应用性、基础性与综合性，理论知识以"必需、够用"为度，突出专业技能与职业能力的培养。教学内容的程序应坚持与实际工作过程相一致，教材内容以工作层次与任务为依据，以项目为载体，以项目制、团队化的运作程序和方法为核心，特别强调教材内容的实用性和实战性，从而培养和锻炼学生职业能力。

项目三 中等职业学校动物科学专业的教学设计与分析

一、教学设计的理念

（一）突出职业能力的培养

以畜牧行业、企业的职业岗位对动物科学类生产知识与技能需求为目标，秉承"学习的内容是工作，通过工作完成学习内容"的指导思想，密切与行业、企业合作，进行基于工作过程的项目课程开发与设计。

（二）突出地方特色

以学生来源和就业方向的地域性为重要参考点，归纳"典型工作任务"，设计学习情境。

（三）突出实践性和可操作性

根据各个学院的实际情况，采取"课堂—动物养殖场""工学交替""动物养殖任务驱动""动物养殖岗位轮动"等多种教学模式，学习情境设计要反映出工作对象、工具、工作方法、劳动组织方式和工作要求等，建设充分体现职业性、实践性、可操作性和开放性的课程体系。

二、教学设计的层次与流程

（一）教学设计的层次

教学设计（Instructional Design，ID）是运用系统方法分析教学中的问题并解决问题，以获得最佳教学效果为目的的过程。它亦称为教学系统设计（Instructional System Dsign，ISD）。

教学设计是一个问题解决的过程，根据教学中的问题范围、大小的不同，教学设计具有不同的层次，即教学设计的基本原理与方法可用于设计不同层次的教学系统。到现在为止，共有三种层次：以"产品"为中心的层次、以"课堂"为中心的层次、以"系统"为中心的层次。

以上三个层次是教学设计发展过程中逐渐形成的。我们也可以把教学设计分为宏观和微观两个层次，规模较大的项目加课程开发、培训方案的制订等属于宏观层次的教学设计；而对一门具体的课程、一个单元、一堂课甚至一个媒体材料的设计则属于微观层次的教学设计，我们也可以把教学设计分为以"教"为中心、以"学"为中心以及以"教师为主导、学生为主体"的三个层次。不论是何种层次的分类，在教学设计中都有相应层次的设计模式与之对应。总体说来，无论在何种层次进行教学设计都应该按照自己面临的教学问题，选用相应层次的设计模式。

（二）教学设计过程的流程

一个教学系统设计过程模式是指在教学设计的实践当中逐渐形成的，运用系统方法进行教学开发、设计的理论的简化形式。它是对教学设计实践的再现；它体现着教学设计理论内容；它是对教学设计理论的精心简化。

教学系统设计的模式中一般包括学习需要分析、学习内容分析、学习目标的阐明、学习者的分析、教学策略的制定、教学媒体的选择和利用，以及教学设计成果的评价七个基本组成部分，也是教学设计过程模式的共同特征要素（表2-1）。

表2-1　教学设计过程模式的基本组成部分

模式的共同特征要素	模式中出现的用词
学习需要分析	问题分析、确定问题、分析、确定目的
学习内容分析	内容的详细说明、教学分析、任务分析
学习目标阐明	目标的详细说明、陈述目标、确定目标、编写行为目标
学习者分析	教学对象分析、预测、学习者初始能力的评定
教学策略的制定	安排教学活动、说明方法、策略的制定
教学媒体的选择和利用	教学资源选择、媒体决策、教学材料开发
教学设计成果的评价	试验原型、分析结果、形成性评价、总结性评价、行为评价、反馈分析

这些共同特征要素可以构成一般的教学设计模式，如图2-1所示。其中学习者、目标、策略和评价构成教学设计的四大基本要素。

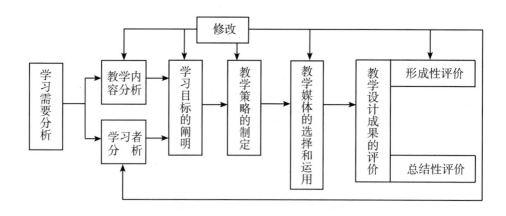

图2-1　教学设计过程的一般模式

在实际的教学设计工作中．既要从教学系统的整体功能出发，保证"学习、目标、策略、评价"四要素的一致性，又要兼顾其他的诸多要素，相辅相成，产生整体效应。因此，动物科学专业课程设计的一般流程如图2-2所示。

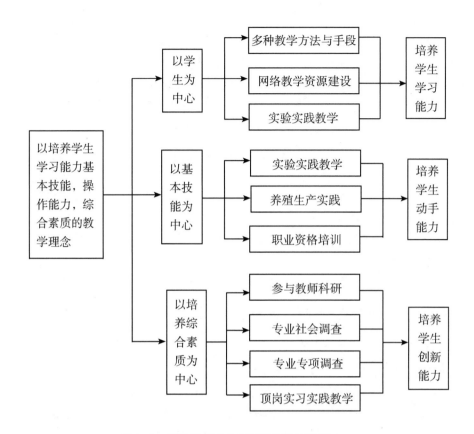

图 2-2　动物科学专业课程教学设计流程

三、动物科学专业的教学设计建议

（一）学校与企业结合的教学设计

学习情境虽然在学校进行，但以生产实际的项目为载体，缩短了教学与行业的距离。

1. 教学地点与工作地点相结合

企业的工作平台和工作环境，也是课程的学习平台和学习环境。

在教学中，通过要求学生统一着装、严格考勤，通过任务分配、效果点评和整理实训室等形式，仿真职业环境，培养敬业精神。

在发情观察与鉴定、人工授精、妊娠诊断、接产、动物繁殖障碍处理、报告撰写等实训环节中，督导学生严格执行过程要求和质量标准，培养学生的安全与质量意识和严谨细致、认真务实的职业精神。

2. 企业工程师与学校教师联合授课

教学团队包括校内专任教师和企业兼职教师，兼职教师比例达到 30%，他们承担了超过 20% 的教学工作量。

企业工程师定期到学校交流，他们不断带来新的行业或技术信息，使课程教学和技术进步保持同步。

（二）学习任务与工作任务一致性的教学设计

对课程内容进行科学排序，共构建五个大的学习情境，即五个完整的工作过程。通过引导学生经历完整的工作过程，完成工作任务，培养他们的专业能力、方法能力和社会能力，从而完成学习任务。

（三）任务驱动、项目导向、工学交替的教学设计

以企业项目、真实产品为基础，在仿真企业环境的校内技术平台上进行课程学习和训练。

1. 聘请企业工程师作为课程主讲教师，参与教学全过程，将企业的工作方法和管理模式，融合进课堂的教学和管理。

2. 将企业项目进行分解、提炼和整合，作为课堂教学内容实施的载体。

3. 学校的教师走出校门，辅助指导学生完成企业项目。

4. 在学校实训室搭建与企业技术环境相同的教学平台，为学生学习创造条件。

四、典型职业任务要求与教学内容的组织

（一）课程设计理念与思路

1. 课程设计的理念。

（1）突出职业能力的培养。以动物科学业职业岗位对知识与技能需求为导向，以动物科学岗位职业标准为依据，以动物科学业生产工作任务的完成及解决问题能力的提高为宗旨，秉承"学习的内容是工作，通过工作完成学习"的指导思想，密切与企业合作，构建基于工作过程的项目课程。

（2）突出实践性。动物科学专业课程都是实践性和操作性很强的课程，以实际应用为重点，精心设计实训项目，着力培养学生的实践能力与创新能力，因此，将理论与实践有机融合，将动物科学工作与学习相融合，开发"理实一体化"教材，创建"理实一体化"教学模式。

（3）突出先进性。动物科学专业课程同时是一门技术性非常强的课程。以动物科学技术先进知识和成熟技术为标准，以动物科学业国家或行业标准为依据，以动物科学生产工作任务为载体组织教学内容。及时跟踪动物科学产品质量安全检测发展趋势和行业动态，分析职业岗位能力要求更新变化，并及时将新技术、新成果、新标准、新方法等最新内容纳入教学内容。

课程设计的理念如图 2-3 所示。

2. 课程设计的思路

通过对动物科学行业就业岗位调研，遴选出与本课程相关的关键岗位，并对关键的工作任务以及完成工作任务所必需的职业能力进行分析。与企业紧密结合，以岗位需求为导向、以职业技能鉴定为依据、全面跟踪国内国际职业标准、以实际工作任务构建教学内容、充分考虑学生的发展后劲、创造最佳的基于工作过程的学习环境、充分调动学生的学习积极性。如图 2-4 所示。

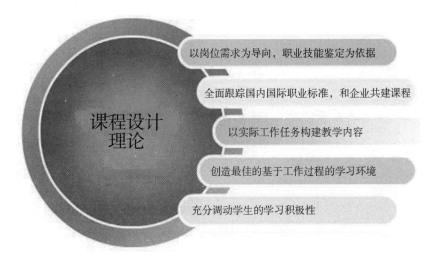

图 2-3　课程设计的理念

图 2-4　课程设计的思路

（二）教学内容选取原则

教学内容建设是课程建设的核心。教学内容选取依据主要因岗位（家畜饲养工、家畜繁育工、防疫员、挤奶工、孵化工等）工作需求而定，如图 2-5 所示。

1. 教学内容的针对性

（1）教学内容突出了中等职业教育注重技能培养的要求和特点，以动物养殖企业在生产过程中各岗位的工作内容作为教学的主要内容，尽量贴近现阶段动物养殖技术的生产实际，同时吸收国内外一些先进的理论和较成熟的动物养殖技术、动物养殖技术标准，突出内容的新颖性，力求做到理论联系实际，使教学内容具有先进性、科学性、实用性和可操作性。

（2）教学内容及时跟踪动物养殖技术的发展趋势和行业动态，分析动物养殖岗位的职业能力，并及时将新技术、新成果、新标准、新方法等最新内容纳入教学内容。

（3）教学内容体现了一致性原则。学习要求与实际工作要求相一致，学习内容与动物养殖职业岗位实际工作内容相一致；课程内容有助于学生获取动物养殖业中级工职业资格证书，有利于学生"零距离"上岗。

（4）教学内容体现了代表性原则。农产品种类繁多，检测内容复杂，因此，课

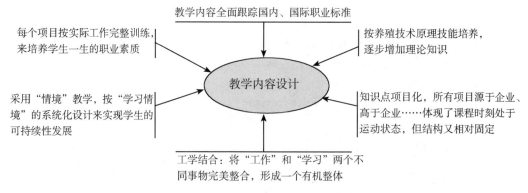

图2-5　课程教学内容的设计

程内容必须具有代表性,有利于学生触类旁通、举一反三。所选动物科学项目具有典型性和覆盖型,所选动物科学技术或方法以国家或行业标准为依据,所选动物科学项目为实际生产中较重要的项目,所选择的工作任务必须涵盖动物科学生产所需要的常用技术。

2. 教学内容的适用性

(1)根据现代动物养殖企业、规模动物养殖场、饲料生产加工企业等动物养殖岗位工作任务分析,结合中职学校生源智能特点,以职业能力培养为中心,以动物养殖项目为载体,与动物养殖行业企业专家共同创新设计若干个学习单元。每个学习单元根据动物养殖生产具体实际,精选课程内容,使教学内容与动物养殖生产工作岗位实际工作内容相一致,增强教学内容的适用性。

(2)教学内容中增加学生考取职业资格证书的内容,学生入校后,按照职业技能鉴定的有关要求及和劳动和社会保障部、农业农村部联合颁布的农业行业特有工种考核标准,训练学生在动物科学技术等级标准的基础上进一步细化及量化专业技能内容,并将这些要求和规定纳入专业教学内容,使学生学习后能顺利通过职业资格等级证的考核,更加满足企业需求,具备岗位技能。

(三)教学内容的组织

课程教学内容包括基本技能、基本知识、基本分析方法,但并不是说教学过程就是从"基本技能"到"基本分析方法"依次展开。从内容到内容组织是教学过程设计的第一步,最终的目的是将教学内容组织为科学序化的教学内容。在这个过程中,我们对教学法进行了反思,包括从感性到理性,从简单到复杂,从外围到核心,基于工作过程构建教学过程。

每个学习性工作任务围绕任务内容、学习条件、相关知识、动物养殖技术、任务考核、技能训练、知识拓展八个方面组织内容。前面两项介绍任务的具体内容和完成任务所必需的软、硬件条件;相关知识着重介绍与本任务相关的基本理论、基本知识;动物科学技术着重介绍完成本任务的实践操作技能。考核内容为本任务要求学生掌握的知识和技能,通过任务考核,检查教学效果,帮助与改进教学方法。自测训练包括知识训练和技能训练。课后学生通过自测训练达到掌握基本知识和动物科学技术的目的。知识拓展选择同类知识进行拓展，使学生能够触类旁通，达到知识延伸的目的。

（四）学习情境的设计

1. 学习情境设计的要求

课程教学通过学习情境来展开，每门课程可设计若干个大学习情境和若干个子学习情境（子情境），每一个情境都是一个完整的工作过程。这些大学习情境共同构成了对课程目标、内容的表述。其中每一个学习情境又展开为几个子情境。学习情境设计的要求如图2-6所示。

教师必须在每一个学习情境实施过程中对学生进行必要的技能训练、知识传授和实际应用，让他们对工作的整个程序有所了解，为他们独立完成项目创造条件。通过每个学习情境和子情境的训练，不仅使学生掌握对应的知识点，而且培养学生相应的能力和素质，同时为学生后续课程的学习和职业发展奠定良好的基础。

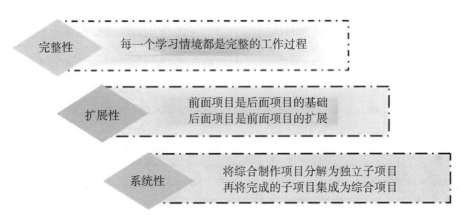

图2-6 课程学习情境设计的要求

2. 学习情境的选取

在调研和分析学生工作岗位对动物养殖技术应用能力的要求基础上，设置本课程的教学内容；以工学结合的理念作为课程建设的指导思想，将课程的全部内容设计在实训场地并营造为若干个学习情境，学习情境尽量体现工作任务，工作流程和教学氛围尽量模拟企业环境。

课程内容设计将原有学科体系下的教学内容解构，按工作过程进行课程内容的重构，按工作任务分解为不同的学习情境。在教学设计中以满足职业岗位能力对动物科学技术应用能力的需求为依据，确定课程内容；以基于工作过程的学习情境和项目驱动的教学模式作为课程设计的基本思路。例如家畜繁殖工课程开发思路见图2-7，禽生产模块中学习情境的设计见图2-8。

知识的解构
原有科学体系下的基本内容
雌性动物发情鉴定、生殖激素功能与应用、发情控制技术
采精、精液品质检查、精液稀释与保存、输精技术
妊娠诊断、胚胎移植
分娩与助产
加强繁殖管理、提高动物繁殖率
教学设计
发情观察与鉴定
人工受精
妊娠诊断
接产
繁殖障碍处理
按工作任务分解的学习情境
课程的重构
旧思路
新思路

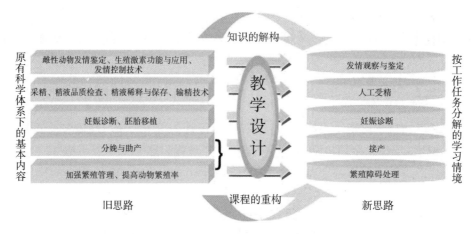

图 2-7　基于工作过程的家畜繁殖工课程设计

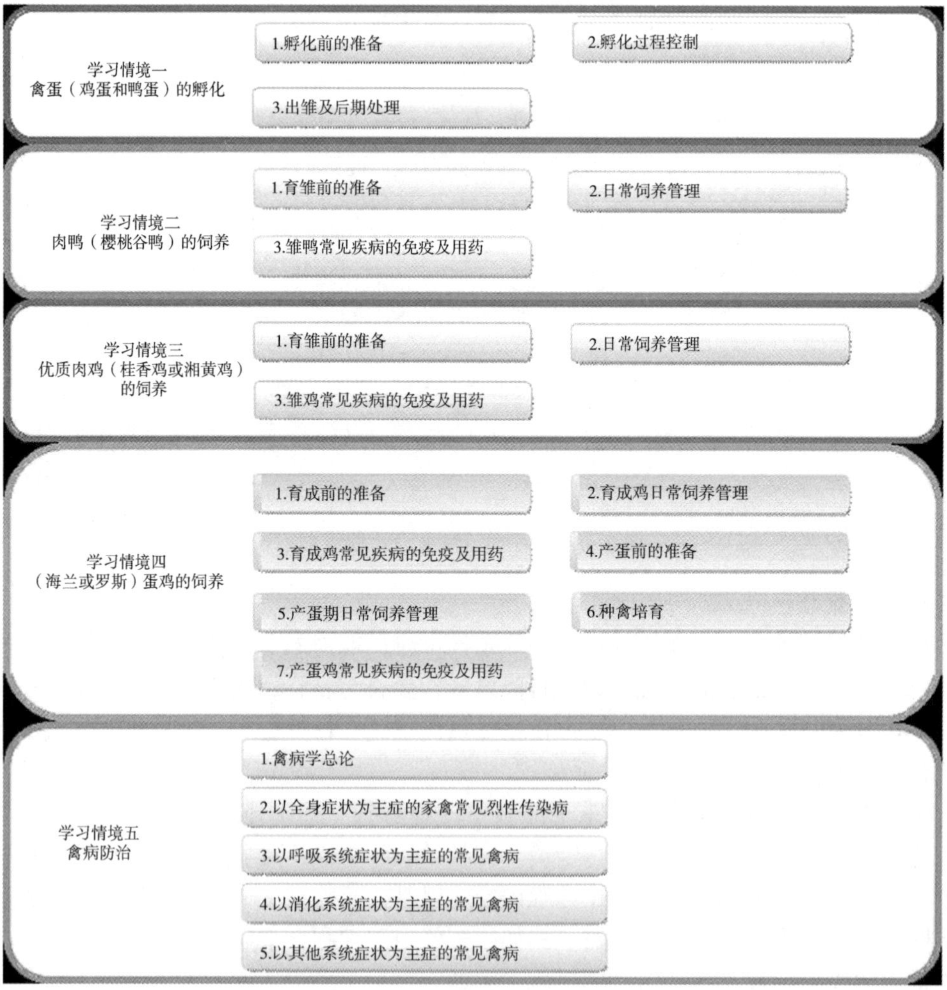

学习情境一
禽蛋（鸡蛋和鸭蛋）的孵化
1.孵化前的准备
2.孵化过程控制
3.出雏及后期处理
学习情境二
肉鸭（樱桃谷鸭）的饲养
1.育雏前的准备
2.日常饲养管理
3.雏鸭常见疾病的免疫及用药
学习情境三
优质肉鸡（桂香鸡或湘黄鸡）的饲养
1.育雏前的准备
2.日常饲养管理
3.雏鸡常见疾病的免疫及用药
学习情境四
（海兰或罗斯）蛋鸡的饲养
1.育成前的准备
2.育成鸡日常饲养管理
3.育成鸡常见疾病的免疫及用药
4.产蛋前的准备
5.产蛋期日常饲养管理
6.种禽培育
7.产蛋鸡常见疾病的免疫及用药
学习情境五
禽病防治
1.禽病学总论
2.以全身症状为主症的家禽常见烈性传染病
3.以呼吸系统症状为主症的常见禽病
4.以消化系统症状为主症的常见禽病
5.以其他系统症状为主症的常见禽病

图 2-8　禽生产模块的学习情境设计

项目四 中等职业学校动物科学专业的教学资源库建设

一、专业主干课程教学资源

（1）组建以专业带头人为核心、骨干教师为主体、企业行业技术专家参与的教材编写队伍，建成融纸质教材、电子教材、网络教材的特色教材（图2-9）。

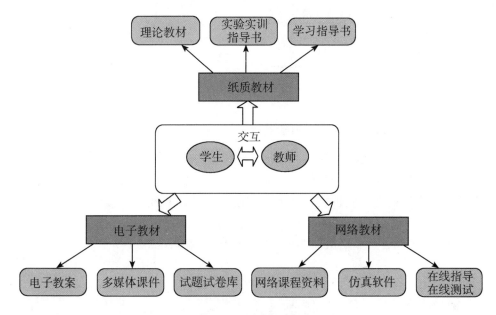

图2-9　特色教材资源

（2）编写具有中职特色的、高质量的实训、实习教材及专业课教材。编写系列实训教材，并每年予以修订，以保持其先进性和合理性。

（3）制定政策，继续鼓励教师承担教育部"十四五"规划教材、各省专业规划教材、精品系列教材等的编写。

（4）以教学改革促进教材建设，优化教材内容。教材内容要面向职业岗位群的需要，按照学生能力培养的目标，将教材内容进行综合、整合与融合。

（5）逐步建立并完善动态化的教学资源库。动物科学专业资源库包括《家畜饲养工》《家畜繁育工》《动物防疫员》等课程的专业标准库、网络课程库、多媒体课件库、专业建设资料库、专业试题库、专业项目实例库、教学视频库、在线测试、在线辅导等，通过对动物科学专业知识重组，为教、学、做提供资源应用的整合平台（图2-10）。根据行业和动物科学技术的发展不断更新、补充资源库内容，以满足"助教、引学、导做"的教学需要。利用这个资源库，有利于学生进行自主学习和指导操作，教师进行教学改革和教学研究，企业提高畜牧业生产与管理的效率。

（6）开发编写社会培训教材。结合我国新型工业化建设和新农村建设，根据社会需求开发社会培训课程。

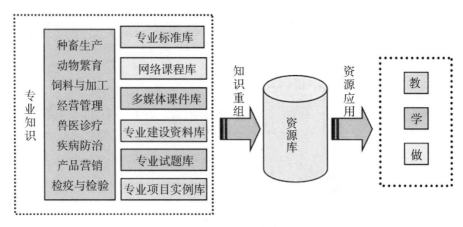

图 2-10 专业教学资源库建设示意

二、校内专业实践教学条件的建设

以职业岗位技能为核心，以培养学生职业能力、职业道德及可持续发展能力为基本点，以职业技能层次为导向，按专业基础实训、专项技能实训、专业综合实训和生产顶岗实习四个层次建设专业实训实习基地。实现校内实训基地的模拟性、开放性、效益性、真实性、生产性，校外实训基地的员工化、职业化、效益化。

"多环节、多岗位、多层次"实训基地的建设思路如图 2-11 所示。

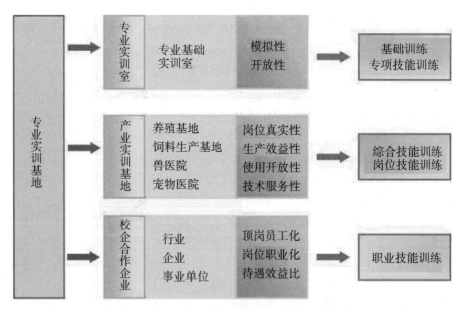

图 2-11 "多环节、多岗位、多层次"实训基地的建设思路

按专业人才培养目标，参照职业岗位标准，以生产流程为导向，以真实就业岗位为对象，既注重单一功能又重视综合性。在动物科学生产流程的基础上，立足动物科学职业岗位，建立体现种畜、饲料、管理、疾病防治、营销等的模拟流程，按动物科学职业岗位设计，建设开放性的校内体现现代动物科学业的综合实训基地（图2-12）。

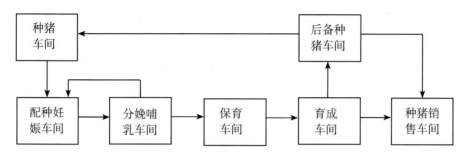

图 2-12 种猪场生产岗位分布及操作流程

三、校外实践教学基地建设

进一步加强校外实训基地的建设，与更多具有代表性的农业产业化龙头企业联合，完善长效合作、保障机制，与此建立战略合作伙伴关系，新建与专业培养目标相吻合、代表畜牧业专业发展方向、具有典型代表、相对稳定的校外实训基地，见表2-2。

表 2-2 动物科学专业校外实训基地运行建设项目流程措施

序号	项目内容	项目措施	项目成果
1	实训基地建设调研	（1）校外实训基地运行建设产品生产流程、生产时间、特点和所需专业理论知识和基本技能调研； （2）校外实训基地企业文化、管理制度、应用性课题研发调研	实训基地调研报告
2	初步制定实训基地的建设方案	（1）根据调研结果安排学生实训的内容，相关的实训时间； （2）制定学生实训的任务和成绩的评定办法； （3）确定2项应用性课题研发的内容； （4）建立学生在校外实训基地的校企共管制度	初步建设方案 应用性课题开题报告 校外实习的校企共管制度 学生实习成绩评定办法
3	建设方案论证	（1）与建设团队成员论证方案可行性； （2）确定具体可行方案	实训基地的建设方案
4	签订实训基地协议	（1）与实训基地签订实训基地建设的协议； （2）提供学生进行生产型现场实习，师资现场培训，顶岗实习，教师的生产现场实习和挂职培训； （3）校企合作，进行应用性课题的研发	各基地实训协议 应用性课题开题合同

（续表）

序号	项目内容	项目措施	项目成果
5	跟踪、分析学生的实训的情况	（1）在规定的时间内评定学生的实训情况； （2）与建设团队共同分析学生在实训基地实训的情况，找出不足，由学校与实训基地共同完成	成绩评定统计、实训情况分析
6	跟踪、分析教师的实训的情况	与建设团队共同分析教师在实训基地实训的情况，找出不足，由学校与实训基地共同完成	教师实习总结
7	应用性课题验收	校企合作对2项应用性课题进行验收	验收、结题报告
8	实训基地建设总结	对实训基地建设的情况做一个年度的总结，说明建设中的问题及解决的情况	基地运行年度总结
9	修订实训方案	根据师生实训情况修订相应的方案	实训基地的修订方案

参考文献

梁快，刘守义，2005. 论高职院校在社会化职业技能鉴定中的作用 ［J］. 教育与职业 （12）：15-17.

刘传林，2005. 适应行业需要创建特色专业 ［J］. 中国高等教育，26 （19）：39-40.

刘守伟，刘士勇，2006. 农业院校青年教师素质现状分析与对策 ［J］. 东北农业大学学报（社会科学版）（1）：37-38.

马树超，范唯，2008. 中国特色高等职业教育再认识 ［J］. 中国高等教育 （23）：11-12.

孟庆国，2009. 现代职业教育教学论 ［M］. 北京：北京师范大学出版社.

孙爽，2009. 现代职业教育机械类专业教学法 ［M］. 北京：北京师范大学出版社.

王强，2012-08-28. 高职课程建设的思考 ［EB/OL］.中国高职高专教育网.http://www.cssn.cn/jyx/jyx_zyjsjyx/201310/t20131023_452256.shtml.

王世杰，1991. 陶行知创造教育思想 ［M］. 合肥：安徽教育出版社.

萧承慎，2009. 教学法三讲 ［M］. 福州：福建教育出版社.

肖调义，2012. 养殖专业教学法 ［M］. 北京：高等教育出版社.

辛光，2007. 建设示范性高职院校的质性思考 ［J］. 番禺职业技术学院学报，6 （1）：1-3，21.

邢晖，2014. 职业教育管理实务参考 ［M］. 北京：学苑出版社.

徐英俊，2012. 职业教育教学论 ［M］. 北京：知识产权出版社.

俞仲文，刘守义，朱方来，2004. 高职教育实践教学研究 ［M］. 北京：清华大学出版社.

模块三　动物科学专业教学过程

【学习目标】

从理论教学设计、教学实施、教学案例、教学评价多个角度，理解和掌握动物科学专业理论教学设计、实验教学设计、实训教学设计、职业综合技能实训教学设计的应用与实践。

【学习任务】

➤ 对动物科学专业理论教学进行设计并灵活运用

➤ 能对动物科学专业实验教学进行设计并灵活运用

➤ 能对动物科学专业实训教学进行设计并灵活运用

➤ 能对动物科学专业综合技能实训教学进行设计并灵活运用

项目一　动物科学专业理论教学设计与运用

一、概述

动物科学专业理论课教学在专业教学中占有重要地位和作用，其教学效果直接影响学生综合职业能力的形成。一般来说，动物科学专业的理论课主要包括动物生物化学、动物微生物学、动物解剖及组织胚胎学、普通动物学、家畜生理学、动物遗传育种学、动物营养学等以阐述知识、传授技术为主的课程。

根据本专业的培养目标，在理论教学实施时要注重学生创新能力和相应能力的培养。在理论课教学中如何采用恰当的教学方法与手段使学生学的有效，圆满地完成培养目标中所设定的任务是每个理论课教师必须考虑的问题。

二、动物科学专业理论课教学设计

（一）理论课教学设计理念

动物科学专业理论课教学的目标是为学生学习该课程和后续课程技术与技能奠定知识基础，要求教师要从教学系统的整体功能出发，综合考虑教师、学生、教材、媒体、评价等诸多方面在教学过程中的具体作用，强调运用"整体—局部—整体"的思维方式，立足整体、统筹全局，使各教学要素相辅相成，提高和确保教学系统整体的最优效应。

理论教学设计要贯彻"以学生为中心，理实一体化教学为主线，课堂教学与网络教学并重"的理念。做到以下几点。

第一，新课的引入要立颖标新。要根据学习内容的需要时常变换角度，设计导入语，或设置悬念，或复习旧知，或联系学生生活，以吸引、激发学生兴趣。实践证明，适度、巧妙、新颖、多样的导语，能使学生产生渴求知识的心理，活跃课堂气氛，启发学生思维，促使学生积极思考，进入角色，主动地学习。

第二，创设养殖场虚拟情境，感悟动物生产过程。动物生产是动物科学专业学习的主要内容，而课堂不可能将实际生产现场显现给学生，学生缺乏的恰恰是对动物生产场景的感悟；从这个意义上说，理论教学对于学生对养殖场动物生产现实的认识、理解和把握都难于全面、客观、正确。因此，教师要尽可能通过视频创设真实而全面的动物生产情境或利用 3D 虚拟仿真创设真实情境，让学生"身临其境"地进行角色体验式自学。

第三，问题的设计须多维化。教师的导演角色扮演得好坏在很大程度上取决于问题设计的是否精巧，同时也直接影响着能否发挥学生的主体作用。当然，问题的设计既要符合学生的认知水平和心理特征，又要具有启发性，教学中应兼顾历史课堂的具体内容，精心准备、周密设计，真正能调动学生积极思维，充分发挥学生的主动性。

第四，利用生活经历，启发学生"乐学"。学生生活在精彩的现实世界中，教学中事例的选取、数据的使用宜多联系身边的实例，贴近学生生活，切勿把教材当作神圣的教条。知识的传授不能将它与现实割裂，只有联系现实、联系社会、才能更好地引导学生自发地学习，提升对知识与技能的需求欲。

（二）教学方法的运用

课堂教学是中职教育课程改革的关键环节。中职学生虽然文化基础相对较弱，但他们的智力与思考能力并不比普通高中的学生差。根据中职生的特点，课堂教学改革的中心就是要安排更多的时间让学生通过动手而非死记硬背来学习，同时让课堂变得生动灵活。

通过查阅大量资料发现，可在动物科学专业理论课教学中运用的教学方法有演示教学法、角色扮演教学法、案例分析教学法、引导文教学法、任务驱动教学法、讲授法、"启发与互动"教学法、讨论教学法、体验式教学法、激励与鼓励教学法等。

三、教学过程实施

以高等职业技术院校动物科学专业《家畜遗传育种》理论教学为例进行阐述，其他学院动物科学专业的其他理论课可参照制定。

（一）教材及教学资源选取

1. 教材内容的选择

（1）以学生的发展作为选取内容的出发点。学生学习家畜遗传育种的知识，对今后学习好专业知识起到奠基的作用。知识性内容与基本概念、基本原理的相关性越高，实现迁移的可能性就越大，其时效性就越长久，对学生终身学习和发展的价值就越大。

因此，知识性内容的选取应当以基本概念和机理为重点。

（2）要反映社会、经济和科技发展的需要，体现"科学、技术、社会"的思想。教材编写应当融学科、技术和社会为一体，充分体现三者的互动，反映动物微生物学科和应用技术的发展及其对社会发展和个人生活的影响。

（3）有一定的弹性和灵活性。在按照课程教学大纲或标准编写必学内容的基础上，可以适当调整一些选学内容或选做的活动，以拓宽学生的视野，发展学生的爱好和特长，培养学生的创新精神和实践能力。

2. 课程资源的利用与开发

课程资源既包括教材、教具、仪器设备、多媒体课件、实验实训基地等有形的物质资源，也包括学生所处的环境氛围，包括社会、学校和家庭氛围等无形的资源。课程资源是决定课程目标能否有效实现的重要因素。充分利用现有的课程资源，积极开发新的课程资源，是深化课程改革、提高教学效益的重要途径。

（1）充分利用学校的课程资源。在各种课程资源中，学院提供的课程资源是首位的。学院应当积极创造条件，丰富动物微生物课程资源，设置足够的实验室和实训基地及相应仪器设备、试剂药品、图书及报刊、音像资料和教学软件等。

（2）积极利用社会课程资源。社会课程资源有爱课程网站中的家畜遗传育种资源、种畜场、各种养殖场及科研院所等。从课程重视培养学生的创新精神和动手实践能力这一目标出发，结合具体教学内容，发动学生走出教室，走向社会，进行调查研究，是利用社会课程资源的主要方式。此外，请有关专家来校演讲、座谈，也是利用社会资源的重要方式。

（3）挖掘利用无形的课程资源。无形的课程资源是指非物化的课程资源，主要是学生的生活经验以及所了解的家畜遗传育种的科学信息。例如，学生普遍来自农村，家中都养殖有不同类型动物；学生还会通过阅读课外读物、看电视等途径，了解了不少动物种类的知识信息。这些都是家畜遗传育种课程的无形资源，是使课程紧密联系学生实际、激发学生兴趣、强化学习动机的重要基础。

（4）参与开发课程的信息技术资源。信息技术方面的课程资源主要包括网络资源和多媒体课件两个方面。网络资源具有信息量大、链接丰富、实时性和互动性等特点。教师应当积极参与校园网的建设，使校园网上的家畜遗传育种课程资源尽快丰富起来，并不断补充最新的遗传育种资源，及时反映该课程的新进展。多媒体课件具有表现力强、交互性好、信息量大等优点。教师应与计算机专业人员合作，参与课件的制作与开发。

（二）条件配备

（1）《家畜遗传育种》数字化教学资源，如电子教案、课件、教学视频、教学案例、习题、作业等，可参阅爱课程网上《家畜遗传育种》精品资源共享课。

（2）配备多媒体教室。

（三）教学实施

（1）教师接到教学任务后应了解本课程在专业人才培养方案中的地位，认真钻研教材，精选教学内容，制订课时授课计划，精心进行教学设计、灵活设计教学方法的运用，备好教案，编写好教学课件，并选择好网络数字化教学资源供学生课余学习。

（2）了解学生的学习基础与学习状况。

（3）运用多媒体等辅助教学手段时，必须提前到教室打开多媒体设备，打开授课课件，安装好其他必需的教学软件，做好上课准备。

（4）上课时要求组织教学。学生起立，师生互相问候，教师点头还礼，提醒学生关闭手机。

（5）清点班级总人数，下课后由班长或学习委员将具体考勤情况报任课教师。对上课迟到、早退或旷课学生要查明原因，及时批评教育，并于课后在学校教务管理系统上填报。

（6）教师上课时应充满激情，以恰当的方式组织教学，采取多种教学方法，如PBL教学法、案例教学法等调动学生学习积极性。

（7）教师要时刻掌控学生的听课动态，维护正常的课堂教学秩序。

（8）教师在上课过程中，要注意与学生的交流与沟通，应保证教学的顺利实施。处理问题时应尊重学生，注意方法和技巧。

四、教学设计案例

以案例教学法在《家畜遗传育种》课程教学中的应用为例进行说明。

（一）关于案例教学法的教学情境

案例教学法是典型的归纳教学法。从个案出发，尝试推导到普遍，并让学生理解。案例教学的情境运用是非常"有弹性"的，它为现实问题与学习建立桥梁。教师可以使现实问题成为学生学习的内容，学生可以不同程度的来自我控制学习活动。因此根据教学设计的不同需要，案例教学中会出现多种形式的复杂性和不同的问题重点；可以涉及认知、实践、情感等不同方面。

然而，案例教学在方法上不必受到限制，教师可以在各种变化中选择不同方式来安排自己的课程，如表3-1所示。

表3-1　案例教学的方法

方法	辨析问题	获得信息	解决问题	评判解决方案
案例—问题—方法	明确阐述问题	教师提供信息	发现不同解决方法，并且制定决策	解决方法与现实的决策比较
案例—事件—方法	分段描述案例	学生必须独立获得信息	发现不同解决方案和制定决策	解决方案与现实的决策比较
陈述—问题—方法	提出问题	教师提供情境背景	提供解决方案，寻找其他途径	评判提供的解决方案

（二）关于案例教学的设计

在动物科学专业理论教学中，教师要想方设法开发案例给学生学习。比如，开发概念理解、病例分析、种畜育种方案、饲养管理方法、饲料加工与调制方法、畜牧业经营管理等方面的案例。下面简要介绍案例教学的设计。

1. 设计案例时要重视问题的设置

案例是一种特殊的教学情境，案例教学以案例中的问题为起点，以问题表征和问题解决为指向，由此达到学生知识建构的目标。这与杜威"问题解决"的教学思想相契合。杜威认为，教学的目标不在于传授知识，而在于主动地探究理论、明智地驾驭实践的态度和方法，掌握有效地、适当地解决处理问题的态度与方法。在案例教学中，提出问题是起点，解决问题是归宿。创建问题的学习情境，可以帮助学生贴近生活情境，集中注意力并融入问题情境中，找到多样的问题处理方法。

但是教师往往喜欢直接把问题（事件）的结论（结果）或自己的实践经验传授给学生，通常在很多案例教学中采用更有逻辑的实情报告来代替讲述，有时还给出关键词或者非常精简的、符合专业习惯的反映生活事件的数据描述，最后的结果是学生得到一个封闭的工作任务和学习策略，这种学习策略更强调记忆而不是理解。

2. 教学案例应该是建立在真实事件的基础上

尽管教学案例应该是建立在真实的偶然事件的基础上，但是在叙述中也有虚构的成分，这是因为出于教学目的，案例已经被"教学法化"了，也因为要把真实事件讲清楚太费事了，事实上也不可能完整地记录一整个偶然事件，总是会出现个人观点。

教师在很多情况下都会采用完全虚构的故事，一般叙述越简洁的案例虚构性越大。但是虚假的故事很容易让人觉得没意思，因为人们知道，故事没有价值，只是出于教学目的或者只是作为学习任务的衣架子而已。所以在设计教学案例时一定要把案例建立在真实的基础上。

3. 案例的开放性与封闭性设计可以达到不同的教学目标

案例的开放性与封闭性表现为：教学情境（学习环境）的开放性与封闭性；提出任务（问题）的开放性与封闭性；问题解决方案的开放性与封闭性。比如案例一中无论在教学情境、提出任务还是问题解决方案都是封闭的；而在案例三中基本上都是开放性的。一般来说，封闭的案例中教师更能控制学生的学习目标，教师的准备越充分，学生的能力提高越有限；反之，则反。

（三）教学设计案例举例

理论教学设计案例：以《家畜遗传育种》课程中的"分离规律"案例教学为例。

1. 案例设计

孟德尔于1854年夏天开始用34个豌豆株系进行了一系列试验，用两年时间进行选种，从中选出22种豌豆株系，挑选出7个特殊的品系（这些品系的子代的某一个特定性状总是类似于亲代，即具有真实遗传的性状），进行了7组具有单个变化因子的一系列杂交试验，选择有明显区别的单位性状作为观察性状，对亲代、子一代、子二代等相继世代中性状的表现进行系谱记载，对每个世代不同类别后代的数目进行记载和统计分析，以确定带有相对性状的植株是否总是按相同的比例出现，并因此而发现了著名的3∶1比例。

2. 自主学习前的准备

（1）教师准备。教师准备是案例教学成功的第一步，案例选择设计后，教师大量查阅孟德尔生平、豌豆杂交试验等相关资料，对案例任务进行分析和归纳，制订案例分析计划，围绕案例任务设置问题"情景"，预测学生在案例分析过程中可能出现的难题，准备学生完成项目后讨论的问题，制定案例评价指标以及给学生布置相关的任务等。各项工作准备就绪后，对学生进行全面动员，充分激发学生的兴趣。具体见表3-2。

表 3-2　教师准备工作

准备内容	数量	备注
资料	4 份	孟德尔生平资料、相关杂交阅读资料、豌豆植物特性、孟德尔试验方法特点等
预设问题	5 个	什么是纯种与真实遗传？孟德尔为什么要进行提纯？什么是性状与相对性状？豌豆作为试验对象有何优点？孟德尔的试验方法有何特点？
完成项目后讨论的问题	3~5 个	分组回答

（2）学生准备。案例教学法的主体是学生。因此，为了学习效率的提高，调动学生学习的积极性，教师要做好各种准备，学生更要做好各项准备工作。首先学生要自觉收集相关资料，阅读教材或参考资料，准备知识等一系列课前活动，然后预设案例分析流程和问题，最后构思项目完成后的讨论主题。这样教师和学生双方协同准备，为案例分析任务高质量完成奠定坚实的基础。

3. 制订计划

案例分析的制定必须让学生在做足充分准备的条件下自由发挥，只要思路上没有方向性错误，老师就不应指出，因为细微的错误对案例教学的进行、学生专业水平的提高有更好的促进意义。

每个案例分析组自行设计案例分析方案，分工合作，组内讨论，详细地记录，最后有成果展示和交流讨论。

4. 具体实施

根据学生预习情况、分析问题能力的好坏进行相互搭配，这样有利于同学间的交流，有利于项目任务按时完成。每4~5人为一组，选1个组长，组长负责案例分析任务的分配、组织案例分析任务完成、人员调配及组内外讨论等工作，这就要求组长具有一定的组织能力。分组后，每个小组成员按照本组设计的案例分析方案分工合作，按规定时间进行。在这个阶段，小组需要完成信息搜集、信息处理、预设问题解答、不懂问题提交等子项内容。

5. 案例分析

本案例基于一个真实事件。如果将这个案例作为开放式教学的出发点的话，课堂讨论中就会出现多种多样的声音。为了减轻引导讨论任务的困难度，除案例叙述外，教师还会获得下列补充信息。

孟德尔进行豌豆的杂交试验时，总结了前人试验研究方法上的经验教训，采用了一套新的方法。他的试验方法有如下特点。

（1）实验材料都是能真实遗传的纯种。孟德尔选用了适宜的遗传材料，即豌豆。豌豆是一种严格的自花授粉而且是闭花授粉的植物，因此，不易发生天然杂交。他从种子商那儿得到许多品种的豌豆，花了两年时间进行选种，从中选出一些品系用于试验，这些品系的子代的某一个特定性状总是类似于亲代，即具有真实遗传的性状。

（2）选择有明显区别的单位性状作为观察性状。所谓性状是生物体形态、结构和生理、生化等特性的统称。孟德尔又把性状区分为各个单位以便加以研究。例如，种子的形状、种皮的颜色、成熟豆荚的形状等。这些被区分开的每一具体性状称为单位性状。每个单体性状在不同个体间又有各种不同的表现。例如，种子的形状有圆形和皱形，子叶的颜色有黄色和绿色，茎的高度有高茎和矮茎等。这种同一单位性状的相对差异称为相对性状。孟德尔在研究性状遗传时就是以具有相对性状的植株进行杂交试验的，通过杂交，对其后代表现出来的单位性状进行分析研究，并找出它的遗传规律。

（3）进行系谱记载。对亲代、子一代、子二代等相继世代中性状的表现进行系谱记载。

（4）应用统计方法。对每个世代不同类别后代的数目进行了记载和统计分析，以确定带有相对性状的植株是否总是按相同的比例出现。孟德尔的遗传学分析方法（统计在适当杂交的子代中每一类个体的数目）现在仍在使用。事实上，这是20世纪50年代分子遗传学发现之前唯一的遗传学分析方法。

（5）构思创建理论时表现的独创性。这种理论是用来阐明实验结果并设计合适的试验来确证理论。虽然孟德尔的理论是作为一项假说而提出的，但它阐述得相当完美，时间已经证明这个理论基本上是完美而正确的。

五、理论教学评价

理论教学的评价体系要真正体现以学生为主体，要大胆改革评价方式，由原来的终结性的考核评价转向过程评价为主、真正能体现职业行动能力的全方位评价。

（一）评价指标体系的主要内容

评价指标体系应该包括以下主要内容：对理论教学各个环节完成情况的评价指标、学生对教师教授课过程的评价指标和教师对学生学习过程的评价指标、学生成员互相评价等指标。

（二）教学评价方式的特点

理论教学效果的评价方式应体现多元评价的特点。一是评价主体的多元化。评价主体从单向转为多向，使被评价者成为评价主体中的成员，有利于多渠道地反馈信息，促进被评价者的发展。教学评价应该通过三级评定来实施，第一级是教师对学生完成任务情况进行评定，第二级是学生成员根据组员对小组贡献的情况进行互评，第三级是学生评价和自评等。二是评价内容的多元化。不仅要评价学生对知识掌握的程度，更要评价学生的潜能、学习成就，要在真实的作业情境中，对学生的高级思维能力、反思能力、合作能力、信息搜集能力、处理问题能力和创造能力等进行全面评价。

项目二 动物科学专业实验教学设计与运用

一、概述

实验课教学设计，是指学生在教师的指导下，使用一定的设备和材料，通过控制条件的操作过程，引起实验对象的某些变化，从观察这些现象的变化中获取新知识或验证知识的教学方法。实验教学是动物科学专业学生理解并运用理论知识，吸收、接受科学思维和创新意识培养的平台，是学生理论联系实际、提高动手能力、培养创新能力的场所；将实验教学与理论讲授有机结合，可以使学生把感性知识同书本的理论知识联系起来，以获得比较完备的、可以直接应用于生产的知识，同时培养学生的实验操作能力、独立探索能力，从而达到提高学科教学质量的目标。

从过往经验看，通过实验教学实施，有助于提高学生的学业情绪，在这种学习过程中，学生能够从理论到实践，再从实践到理论，比单纯的教师示教或"填鸭式"教学更易让学生体验生动、形象、具体的教学场景。另外，它可以最大限度地促进教育实效性的提高，增强动物科学专业学生所学各项操作的直观性，提高学生的动手能力、增强学生的自信心；在共同的实验过程中，学生对知识、技能的综合归纳应用能力和团队协作能力得到极大提高。在动物科学专业基础课的教学中，该教学法一般是在实验（训）室、养殖场所的检验、化验室进行的。动物科学专业实验课日常使用的实验（训）室主要有家畜解剖实训室、动物微生物实验室、显微镜室、生理实训室、标本室、饲料分析室、生物化学分析室等。

二、动物科学专业实验课教学设计

（一）实验课教学设计理念

1. 突出职业能力的培养

以畜牧行业、企业的职业岗位对养殖类生产知识与技能需求为目标，秉承"学习的内容是工作，通过工作完成学习内容"的指导思想，密切与行业、企业合作，进行基于工作过程的项目课程开发与设计。

2. 突出地方特色

以学生来源和就业方向的地域性为重要参考点，归纳"典型工作任务"，设计学习情境。

3. 突出实践性和可操作性

根据各个学院的实际情况，采取"课堂—养殖场""工学交替""养殖任务驱动""养殖岗位轮动"等多种教学模式，学习情境设计要反映出工作对象、工具、工作方法、劳动组织方式和工作要求等，建设充分体现职业性、实践性、可操作性和开放性的课程体系。

（二）教学方法运用

实验教学要贯彻"以学生为中心，做中学，学中做"的教学原则。根据各项目单元教学内容的不同，灵活运用不同的教学方法。通过查阅大量资料，发现可在动物科学专业实验课教学中运用的教学方法有演示教学法、项目教学法、任务驱动法、验证教学法、探究教学法等。

教师要充分利用现代化技术手段实现实验教学信息化，提供网上资源库，使学生能够方便直观地了解动物产品生产过程的各个环节。同时在教学中更多引入多媒体手段，通过教学录像、实验结果动态展示等多种形式，使学生紧跟前沿并形成直观印象。增强教师与学生的互动、交流，加深学生的兴趣和对一些实验现象与结果的理解，为设计性实验的开设打好基础。

三、教学过程实施

（1）实验指导教师一般由实验中心、实验（训）室管理人员兼任。

（2）实验室应根据实验课表，提前做好实验的各项准备工作，保证实验课正常进行。如需变动实验时间，则应最少提早一周向实验中心、实验（训）室管理人员进行通报，并协商确定好调整方案，并将变动原因和调整方案用书面形式报教务处及实训管理处。

（3）从事实验课教学的理论教师和实验指导教师要认真履行岗位职责，严格遵守各项规章制度，应维护好实验室环境，并在上课前20min打开实验室房门，接纳学生进入。实验指导教师在开课前应做好仪器设备、实验耗材等条件的准备工作。

（4）课程授课教师和实验指导教师在课前要做好各项准备工作。要按照实验教学大纲的要求认真备课，写出实验讲义，在教学过程中做好讲授、指导、检查数据、批改实验报告、答疑等环节工作，做好对学生的考勤记录。

（5）课程授课教师应参加所承担课程的实验课的教学和指导，严格遵守学校教学作息时间，上课前带齐备课教案、实验指导书等教学资料，提前20min到达实验教学地点，做好课前准备工作。

（6）学生首次进入实验室时，指导教师应向学生介绍实验室的基本情况和实验室的有关制度、规定，特别是有关安全方面的注意事项。

（7）实验指导教师应按实验大纲和实验指导书的要求组织好实验教学，维护好实验室教学秩序，保障实验教学质量。在操作实验中，每个实验小组原则上不能超过6人，保证每个学生均有参与机会。

（8）对每个实验教学项目，实验指导教师都应要求学生提交实验报告，并对每个学生的实验报告进行认真批改，按5级制给出成绩，及时将情况反馈给学生。并将实验报告存档上交教务部门。

（9）课程授课教师与实验指导教师应共同针对实验教学任务确定学生实验成绩评定办法，在实验教学任务完成后按照此办法给出每位学生实验教学成绩，并在实验教学任务完成后一周内报给课程授课教师。在制订学生课程成绩评定办法时，应考虑学生实验教学成绩，将其纳入课程成绩中，以提高学生对实验的重视程度，调动学生实验学习的积极性和主动性，实现实验教学的目的。

（10）鼓励和支持学生个性发展，支持学生的科技活动，实验室应为学生设计或选做的实验提供条件。

四、实验教学设计案例

【实验教学设计案例一】 以《家畜解剖生理》课程中的"生物显微镜的使用"教学为例

显微镜的使用操作是动物科学专业学生必须掌握的一项基本技能，在进行生物显微镜的使用这一环节的基本技能训练教学时需结合该教学训练方法的各阶段要点实现教学目标。

（一）准备和导学阶段

选择在生物显微镜实训室进行本次课的教学，教师可以通过以下一段话来引入教学：从古至今，人类一直都没有停止过对宏观世界的探索，包括深邃的外太空。然而，你可曾想过在我们身边的微观世界同样奇妙无比，这些奇异世界是我们无法用肉眼直接观察到的，但我们能借助某些特殊的仪器设备，找到他们，观察他们，认识他们。例如，你的血液中就有大量的像变形虫一样的白细胞，两面凹圆饼状的红细胞等等。虽然它们没有我们所知的思维，但是一样可以控制自身的一切生理功能。它们都十分的微小，几百几千甚至上万个堆在一起，我们肉眼也无法看到。那你想认识它们吗？其实认识它们并不难，你只需要一部显微镜，就可以揭开它们神秘的面纱。引入教学材料要注意调动学生对学习使用显微镜的积极性，并对显微镜的种类、不同种类显微镜的工作原理及作用给出非常准确和明确的讲解，让学生对于课程的教学内容和教学重点有非常明确的认识，有效地集中精力，而且应该强调安全操作的重要性以及如何实现安全操作。

（二）示范、讲解和模仿练习

要让学生熟练掌握生物显微镜的正确使用方法，首先要对学生进行正确的训练、指导，使其掌握生物显微镜的构造、生物显微镜的使用方法及保养方法等。一个正确的生物显微镜使用操作是由这三个分解操作融合而成的，因此在示范时要逐一演示清楚，并对原理作清晰阐述。先示范分解动作，再示范整个动作，先慢动作再正常动作，先全班示范，再分组示范，在指导过程中采用个别指导和集中指导相结合，发现所出现的共性问题及时地进行集中指导，对个别学生进行个别指导，学生注意听讲和仔细观察教师做的示范并随机领会，学生之间相互观察对方的动作并与自己的动作进行比较，相互纠正对方错误的操作。在这一环节，教师应该通过示范和讲解让学生掌握以下内容。

1. 生物显微镜的构造

生物显微镜的种类很多，但其构造均分为以下两大部分。

（1）机械部分。

镜座——直接与实验台接触。

镜体——又称镜柱，在斜型显微镜的镜体内有细调节器的齿轮，叫齿轮箱。

镜臂——中部稍弯，握持移动显微镜用。

镜筒——为接目镜与转换器之间的金属筒，可聚光。镜筒上端装有目镜。

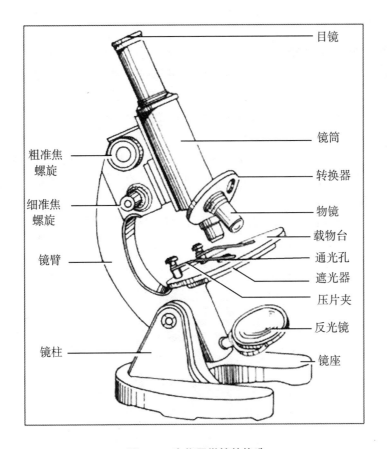

目镜

镜筒

转换器

物镜

载物台

通光孔

遮光器

压片夹

反光镜

镜座

粗准焦螺旋

细准焦螺旋

镜臂

镜柱

图 3-1 生物显微镜的构造

抽筒——有些显微镜在镜筒内装有抽筒，上有刻度，上提抽筒时，可扩大倍数。

活动关节——可使镜臂倾斜。

粗准焦螺旋——旋转它，可使目镜与标本间距离迅速拉开或接近。

细准焦螺旋——旋转一周，可使镜筒升降0.1mm。

载物台——为放组织标本的平台，分圆形和长方形两种，载物台中央都有一个圆形的通光口孔。

推动器——可前后、左右移动标本。

压夹——可固定组织标本。

转换器——位于镜筒下部，上装放大各种倍数的物镜，可转换物镜用。

集光器升降螺旋——可使集光器升降以调节光线的强弱。

（2）光学部分。

接目镜（简称目镜）——安装在镜筒的上端，目镜上的数字是表示放大倍数的，有5倍、8倍、10倍、15倍、16倍及25倍等。

接物镜（简称物镜）——显微镜最贵重的光学部分。物镜安装在转换器上，可分为低倍、高倍和油镜三种。

低倍镜——有 8 倍、10 倍、20~25 倍。

高倍镜——有 40 倍、45 倍。

油镜——在镜头上一般有红色、黄色或黑色横线作标志，一般为 100 倍。

显微镜的放大倍数等于目镜的放大倍数乘以物镜的放大倍数。例如，目镜是 10 倍，物镜是 45 倍，显微镜的放大倍数为 $10×45=450$（倍）。

反光镜——镜有两面，一面为平面，另一面为凹面。有的无反光镜，直接安有灯泡做光源。

集光器——位于载物台下，内装有虹彩（光圈），虹彩是由许多重叠的铜片组成，旁边有一条扁柄，左右移动可以使虹彩的开孔扩大或缩小，以调节光线的强弱。

2. 显微镜的使用方法

（1）搬动显微镜时，必须用右手握镜臂，左手托镜座（图 3-2）。

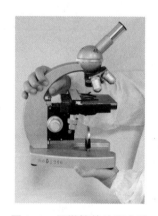

图 3-2　显微镜的使用方法

（2）将镜轻放于实验台上，并避免阳光直射。

（3）先用低倍镜对光，直至获得清晰明亮、均匀一致的视野为止。

反光镜应用方法：①平行光线（如阳光）。原则上用平面镜，但若因此映入外界景物（如窗格、树叶）妨碍观察时，可改用凹面镜。②点状光线（如灯光）。原则上用凹面镜，因其可聚集光线，增加亮度。

除日光灯外，一般电灯光下看镜时，应在集光器下插入蓝玻璃滤光片，以吸收黄色光线部分。

（4）于载物台上，将欲观察的组织细胞对准圆孔正中央，用推进器或压夹固定，注意标本若有盖玻片，一定使盖玻片一面朝上。

（5）粗调节器，使镜筒徐徐向下，此时应将头偏向一侧注视接物镜下降程度，以防标本片互相碰撞，特别当转换高倍镜或油镜观察时更要小心。原则上使物镜与标本之间的距离缩到最小。

（6）观察切片时，先用低倍镜，身体坐端正，胸部挺直，用左眼自目镜观察（右眼同时睁开）同时转动粗调节器，当镜筒上升至一定程度时，就会出现物象，再微微转动细调节器，调整焦点，直到物象达到最清晰程度为止。

如果需要观察细胞的微细结构时，再转换高倍接物镜至镜筒下面，并转动细调节器，以期获得清晰的物像。但有些显微镜在转换高倍镜前，必须先转动粗准焦调节器，使镜筒向上，然后再转动细调节器，使物镜下降至接近标本时，进行观察。

组织学标本多半在高倍镜下即可辨认。如需采用油镜观察时，应先用高倍镜检查，把要观察处置于视野中央，然后移开高倍镜把香柏油（或檀香油）滴于标本上，转换油镜，使油镜头与标本上油滴接触，轻轻转动细调节器，直至获得最清晰的物像为止。

（7）调节光线时，可扩大或缩小虹彩（光圈）的开孔，也可使集光器上升或下降，有的还可直接调节灯光的强弱。

3. 显微镜的保养方法

（1）显微镜使用后，取下组织标本，将转换器稍微旋转，使物镜叉开（呈八字形），并转动粗调节器，使镜筒稍微下移，然后用绸布包好，装入显微镜箱内。

（2）不论目镜或物镜，若有灰尘，严禁用口吹或手抹，应用擦镜纸擦净。

（3）勿用暴力转动粗、细调节器，并保持该部齿轮的清洁。

（4）显微镜勿置于日光下或靠近热源处。

（5）活动关节，不要任意弯曲，以防机件由于磨损而失灵。

（6）显微镜的部件，不应随意拆下，箱内所装的附件，也不应随便取出，以免损坏或丢失。

（7）使用过程中，切勿将酒精或其他药品污染显微镜。显微镜一定要保存在干燥的地方，不能使其受潮，否则会使透镜发霉或机械部分生锈，特别在多雨季节更应注意。最好用精制的显微镜专用柜子保存。

教师在讲解或进行这些动作演示时，第一次要放慢速度，并且要保证动作的准确性，不能出现错误的动作或不规范的操作，以免误导学生，使学生形成错误的思维定式。

在学生进行生物显微镜使用练习的初期，缺乏对操作步骤的感性认识，在操作中表现紧张、动作忙乱、操作步骤颠倒，经常出现多余动作。在观察组织标本时，容易出现镜筒下降过快，导致压碎玻片现象。说明学生在训练初期只注意了单个动作，不能控制动作的细节，运用了日常生活中个人的动作习惯进行操作，这与正确的动作要领不相符合，可以将生物显微镜的使用方法归纳成顺口溜：一取二放，三安装；四转低倍，五对光；六上玻片，七下降；八升镜筒，细观赏；九退整理，后归箱；十全十美，你最棒。每次讲解示范部分动作后，就应该及时让学生模仿，互相交流体会。当教师示范分解动作结束后，应进行完整的速度稍慢的使用操作演示，演示中要再次强调重点和要领。最后可以不加讲解，进行一次娴熟流畅的操作，让学生体会动作达到良好协调以后的应有状态。

（三）集中练习，协调完善

教师讲解示范和学生的基本操作练习完成后，需要进行较长时间的集中练习。从操作技能的正确运用来说，在形成生物显微镜使用的初步技能后，学生容易出现操作技术不熟练，动作还结合得不紧密，从一个步骤过渡到另一个步骤，即动作转换时常出现短暂停顿等问题，需要进行较长时间的集中练习，达到动作的熟练协调和完善。

（四）教学总结和评价

基本技能训练最为关键的是动作规范、方法科学、步骤合理、速度和质量有保障。评价除了看学生动作姿势是否正确，显微镜视野范围内组织是否清晰、是否符合要求外，还应该同时考查学生对这些技能操作要领的领悟。应积极做到脑勤、眼勤，对学生的操作过程进行全面观察，并利用提问、实习报告等方式进一步分析学生对整个操作过程中各环节的掌握程度。

【实验教学设计案例二】以《动物营养与饲料》课程内"饲料水分测定"为例

（一）教师提供相关阅读材料

在本实验可以提供譬如：GB/T 6435—2014《饲料中水分的测定》、分析天平使用手册、电热真空（鼓风）干燥箱操作手册等阅读材料。

（二）学生收集资料，确定实验方案，选择实验仪器，了解实验原理

教师在此步骤时必须全程指导，及时发现错误。饲料水分测定原理为：饲料中的营养物质，包括有机物质和无机物质均存在于饲料的干物质中。风干饲料可以直接在（100～105)℃±2℃温度下烘干，烘去饲料中蛋白质、淀粉及细胞膜上的吸附水，得到风干饲料的干物质含量（%）。含水量多的新鲜饲料，如青饲料、青贮饲料以及畜禽粪和鲜肉等均可先测定初水分后制备成风干样本，再在（100～105)℃±2℃温度下烘干，测得风干样本中的干物质量，而后计算新鲜饲料中干物质量含量。所用到的仪器设备见表3-3。

表3-3　所用到的仪器设备

名称	相关参数
样品粉碎机	带40目网筛
分析天平	感量0.0001g
电子天平	感量0.01g
电热鼓风干燥箱	可控温度50～200℃
称量铝盒	直径在40mm以上，深度在20mm以下
干燥器	内径30cm，变色硅胶做干燥剂

（三）实验实施

将称量铝盒洗净编号后放入（100～105)℃±2℃电热鼓风干燥箱中烘干1h，用坩埚钳取出，移入干燥器中冷却30min后称重（称量铝盒放入烘箱时应开1/3盖，冷却和称重时应盖严），如此反复进行，直到前后两次重量之差不超过0.000 5g为止。在恒重的称量铝盒中精确称取两份平行样，每份2g左右，将称量铝盒同样本一道放入（100～105)℃±2℃烘箱内，揭盖1/3，烘3～4h，移入干燥器中，盖紧盒盖冷却30min，进行第1次称重，然后继续烘干1h，冷却30min后进行第2次称重，如此反复进行直至前后两次重量之差不超过0.000 2g为止。最后，吸附水计算时采用每次称重中最低值。

（四）数据处理，测定结果的计算

公式 1：吸附水（%）= 105℃烘干前后重量之差（g）/风干样本重（g）×100

$$= (w_2 - w_3 / w_2 - w_1) \times 100。$$

公式 2：风干样本中 105℃干物质（%）= 105℃干物质重（g）/风干样本重（g）×100

$$= 1 - (w_2 - w_3 / w_2 - w_1) \times 100$$

式中，w_1——称量盒重（g）；

w_2——100～105℃烘干前称量盒重（g）+风干样本重（g）；

w_3——100～105℃烘干后称量盒重（g）+风干样本重（g）。

公式 3：新鲜样本既含有游离水又含有吸附水，需计算总水分 X。

$$X = A + B \times (100\% - A)$$

式中，A——初水分；B——吸附水分。

（五）教师点评

教师指出各小组在实验方案上、操作上有问题的地方。在本实验中，一般有以下几个容易出错的知识点：105℃温度常压烘干时，饲料中某些可挥发物质，如芳香油、氨、醚、有机酸等也可能与水分一起损失，使得干物质含量偏低，水分所得值偏高，因而把它称为粗水分；高脂肪样本，烘干时间长反而增重，这主要是脂肪氧化所致，应以增重前一次重量计算，有条件的地方，最好用真空干燥箱；糖分含量高的饲料等，常压干燥时易分解或焦化，可采用低温低压干燥法（70℃以下，600mm 汞柱以下干燥 5h 烘至恒重）；天气变化，湿度大，样本易变重，需称量操作迅速；不同性质的样品（尤其是含水量差异大者）禁止在同一干燥箱内同时干燥；测定时样品不得放在干燥箱近壁和底层，样品之间应有距离；称量铝盒中的干物质，可保留作粗脂肪和粗纤维测定用；同一样品最好用同一台分析天平称量，而且尽量做到前后称量顺序一致，这样可减少人为误差；烘箱工作期间，避免中途打开箱门；精密度要求：含水量在 10%以上，允许相对误差为 1%；含水量在 5%～10%，允许相对误差为 3%；含水量在 5%以下，允许相对误差为 5%。测定以平行样品进行，平行测定的结果，如果在允许的相对误差范围内，求其简单平均数，作为测定的最后结果，如果超出允许误差，应重新测定。

学生小组自查、讨论。对照教师点评，找到操作中正确或错误地方，最终共同完成项目报告。

【实验教学设计案例三】以《动物微生物》课程内的"药敏试验"教学设计为例

（一）项目任务设计

某鸡场有肉鸡 1.4 万羽，现有两舍共 600 羽出现黄白痢，精神委顿，翅膀下垂，食欲减退或不食，排黄白色浆糊状粪便并粘住肛门周围羽毛。原来技术人员一直使用庆大霉素进行治疗，发现效果越来越不好。请同学们在常见抗生素中选择一种效果好的药物进行治疗。

（二）自主学习前的准备

（1）教师准备。教师准备是项目法组织教学成功的第一步，项目确定后，教师大量查阅鸡白痢、兽药耐药性等相关资料，对项目任务进行分析和归纳，制订项目计划，围绕项目任务设置虚拟"情景"，预测学生在项目实施过程中可能出现的难题，准备学生完成项目后讨论的问题，制定项目评价指标以及给学生布置相关的任务等。各项工作准备就绪后，对学生进行全面动员，充分激发学生的兴趣。具体见表3-4。

表3-4 教师准备工作

准备内容	份数	备注
资料	4	鸡白痢临床病理资料、兽药耐药性相关阅读资料、微生物实验室操作手册、药敏试验结果判定标准
项目实行实验条件	10组（套）	无菌操作台、培养基、接种环、药敏纸片等
完成项目后讨论的问题	3~5个	分组回答

（2）学生准备。项目教学法的主体是学生，因此，为了学习效率的提高，调动学生学习的积极性，教师除要做好各种准备外，学生更加要做好各项准备工作，首先学生要自觉收集相关资料，阅读教材或参考资料，准备知识等一系列课前活动，再预设项目工作流程和项目作品，最后构思项目完成后的讨论主题。这样教师学生双方协同准备，为项目任务高质量完成奠定坚实的基础。

（三）制订计划

项目计划的制定必须让学生在做足充分准备的条件下自由发挥，只要思路上没有方向性错误，老师就不应立即指出，因为细微的错误对项目教学的进行、学生专业水平的提高有更好的促进意义。

每个项目组自行设计实验方案，分工合作，组内讨论，详细地记录，最后有成果展示和交流讨论。项目实施计划可参照表3-5。

表3-5 ×××试验计划

步骤	工具或耗材	注意事项	可能会出现的问题
样品采集及处理	无菌工作台……	……	……
培养基制备	酒精灯、培养皿	……	……
……	……	……	……
……	……	……	……

（四）具体实施

根据学生预习情况、实际操作能力的好坏进行相互搭配，这样有利于同学间的交流，有利于项目任务按时完成。每4~5人为一组，选1个组长，组长负责实验项目任务的分配、组织项目任务完成、人员调配及组内外讨论等工作，这就要求组长具有一定的组织能力。分组后，每个项目组成员按照本组设计的项目方案分工合作，按规定时间进行。在这个阶段，项目组需要完成样品采集处理、培养基制备、菌液涂布、分区贴药敏纸片、培养箱操作及 24h 培养、结果判定、药物选取等子项项目内容。

（五）检查评估

每组项目完成后选派 1~2 名代表，利用 10~15min 对本组的项目作品（成果）进行展示，并阐述项目完成过程中遇到的难题以及解决的方案等。然后展开小组自评和组间互评，最后由老师就实验项目方案的设计、组内学生的团结协作能力、实施过程中问题的提问能力、理解能力、解决问题的能力和评价能力等方面进行总结和评价。指出项目任务实施过程中较容易出错的地方，如无菌操作是否正确、培养基制备消毒过程是否合理、菌液涂布是否均匀、分区大小是否合适、培养温度是否正确、结果判定要按标准进行等。

五、实验教学评价

教学评价是根据培养目标的要求，按一定的评价内容对教学效果作出描述和确定，是及时了解实验教学进展情况、解决存在的问题、保证实验教学质量的重要途径，是教学各环节中必不可少的一环，它的目的是检查和促进教与学。实验教学总体质量标准评价应包括：实验教学条件、实验教学内容、实验教学实施、实验教学效果等内容。

实验教学总体质量标准见表 3-6。

表 3-6　实验教学总体质量标准

一级指标	二级指标	A 级标准	权重（100%）
实验教学条件	实验室环境	实验室管理规范，各项规章制度健全，水、电、通风等设施齐全、完好，实验台、仪器、设备、材料等摆放有序，环境整洁卫生	6
	仪器设备	仪器、设备、材料完好待用，台套数充足，充分满足实验教学需求。其中，基础课实验项目达到 2 人/组，技术基础课实验项目达到 3~4 人/组，专业课实验项目每组学生数要满足教学要求的最低人数	6
	教学文件与资料	实验教学大纲编写规范，实验内容安排符合人才培养计划要求，学时分配合理；实验教材或实验指导书符合实验教学大纲要求，有特色；实验教学任务单填写规范、齐全，严格履行签字手续；实验讲稿内容清晰、规范、完整、质量好；实验课表编排合理，及时发放到学生手中	8
实验教学内容	实验开出率	按实验教学大纲要求，实验项目开出率和实验学时开出率均达到 95% 以上（专业课实验开出率达 90% 以上）	12
	实验内容	实验内容符合课程要求和人才培养目标要求，较好地体现人才培养特色；有适当的综合性、设计性实验内容；及时对实验内容进行更新，保证实验内容的先进性；有适当可选做的实验项目内容，体现学生个性化培养	18

（续表）

一级指标	二级指标	A级标准	权重（100%）
实验教学实施	指导教师指导实验情况	做到主讲教师、实验师讲实验，实验员准备、指导实验；对新开设的实验提前进行预做；实验前认真检查学生预习情况；讲解清晰、准确，重点突出，学生易于理解；教学方法灵活多样，联系实际，采用启发诱导方式进行教学，因材施教，鼓励创新；充分、合理利用现代化手段进行教学，且教学效果好；认真批改每份实验报告	15
	教学组织	实验内容、进度、时间严格执行实验课表，无调、串课现象，课堂教学秩序良好，气氛活跃	9
	基本能力培养	成绩评定合理、准确，学生成绩呈正态分布，真实反映学生的实验知识、能力和水平	6
实验教学效果	基本能力培养	80%以上的学生独立完成实验操作、数据处理、结果分析等，较好地掌握实验理论与基本操作技能，实验报告规范、质量好	10
	创新能力培养	大多数学生学习积极性、主动性高，较好地体现出学生的学习主体性，创新意识和创新能力得到有效培养和提高	6
	学生反馈信息	学生对实验内容安排、实验教师的指导、实验教学效果等方面评价好	4

项目三　动物科学专业实训教学设计与运用

一、概述

职业教育实训教学是一种以培养学生综合职业能力为主要目标的教学方式，它在中、高职教育教学过程中相对于理论教学独立存在但又与之相辅相成，主要通过有计划地组织学生通过观察、实践、操作、总结等教学环节巩固和深化与专业培养目标相关的理论知识和专业知识，掌握从事本专业领域实际工作的基本能力、基本技能，培养解决实际问题的能力和创新能力。实训教学是使学生掌握职业能力的关键所在。学生通过亲自观察、比较、操作，增强对生产对象、环境和条件的认识，获得从事实际生产的基础知识，巩固理论知识；通过直接参加生产实训，总结经验、训练技巧，掌握技术环节，学会更多工作方法，培养交往、学习、研究、信息传播等能力，达到培养要求。

目前中国高职教育正在借鉴发达国家实训教学经验的基础上积极探索建立有自己特

色的实训教学模式，实训教学的发展趋势在以下几个方面逐渐呈现出特色：首先，实训教学运作逐步经营化。这种趋势主要体现在实训教学设备、设施可以用于开展科研，开发新产品，甚至直接介入生产，从而产生一定的经济效益。其次，随着对实训教学重要性认识的不断深入，实训教学在高职教育教学过程中的比重正在进一步增加。这种增加不是对理论教学的削弱和冲击，而是有机地将部分理论知识融入实训教学中穿插进行，使理论知识与技能、技术应用更加紧密地结合在一起。最后，我们发现实训教学的运作已经非常的社会化。这主要体现在实训教学计划的制定由以学校为主导转变为以学校和相关企业、行业为主导；实训教学教师来源逐渐社会化。来自行业、企业第一线的兼职教师在专任教师中比重逐渐加大，并占据一定的地位。

笔者查阅大量资料发现，动物科学专业实训教学的探索总体上取得了一定的成绩，具体表现在以下几个方面：在实训教学的教学目标方面，中国高职教育实训教学十分注重培养学生的职业能力，同时重视在实训教学中促进学生做人、做事、求知、创新等素质的全面提高；在实训教学的教学计划制订和实施方面，大部分高职院校的动物科学专业都制定了与理论教学相辅相成，又相对独立的实训教学计划。在制订过程中，遵循循序渐进的原则，围绕职业综合能力培养这一中心，在教学过程中做进阶式编排，形成了一些行之有效，并有推广意义的做法；在实训教学的教材建设方面，经过20余年的发展，中国实训教学教材已由最初的"极其匮乏"阶段，发展到开发编撰了一批专门的实训教学教材，形成了与主干课程配套的实训教材，专门为实训制订的教材；在实训教学师资队伍建设方面，大部分高职院校在"双师型"教师队伍建设方面做了很多工作，通过在职培训、从企业引进等方式培养了一大批"双师型"教师，较好地保证了中国高职院校实训教学的正常开展。

当然，由于中国高职教育起步较晚，在实训教学方面还存在一定的问题，比如行业、企业的主体作用发挥不够，教学计划和教学内容与社会实际需求存在一定程度的脱节；对实训教学设施投入严重不足，影响到实训教学的正常开展；在一定程度上忽略了实训教学在学生的知识、能力、素质培养方面的综合作用等。

二、动物科学专业实训课教学设计

(一) 实训课教学设计理念

实训教学设计坚持"教、学、做合一"原则，以畜牧企业实际工作岗位典型工作任务为学习目标，以学生为主体、教师为主导，形成"以工作任务为目标，以行动过程为导向；学习的内容是工作，通过工作实现学习"的教学设计理念。

(二) 教学方法运用

以优化教学效果为核心，以促进学生学习能力提高为宗旨，改革传统的、旧的教学方法，大力推行先进的教学手段和方法。根据实训教学特点，综合运用现场教学、项目教学、四阶段教学、引导文教学、讨论式教学、角色扮演等教学方法，采用多媒体、网络课程、技能竞赛、第二课堂等手段，强调教学效果的最优化，培养学生自主性学习、创造性学习的能力，极大地提高了教学质量。

三、实训教学实施

（一）实训准备

实训指导教师应提前到实训基地，深入现场，按大纲要求，会同实训基地管理人员，制订出结合实际情况和切实可行的详细的实训工作计划，选购或编写实训指导书或任务书。实训工作计划经教研室主任审阅，系主任同意后送教务处存档。

（二）学生实训

（1）学生在进行生产实习前，按规定领取实训报告簿，课程实训结束后由班长负责统一收回交实训指导教师。

（2）学生在实训期间，应在教师的指导下自觉遵守有关规章制度，虚心向现场师傅、技术员学习，并根据实训大纲的要求完成实训任务。

（3）学生在实训期间，除完成实训任务外，要利用其他空闲时间，为现场做一些力所能及的工作，与有关基地的有关人员形成良好的关系。

（三）实训的过程管理

（1）在实训进行中，教务处随时组织检查，检查内容主要包括：实训任务的落实情况；实训基本教学文件；实训指导教师或带队教师工作情况；实训进度完成情况及与实训计划的吻合程度等。

（2）各系为确保实训教学质量，应及时组织对实训教学工作的自查，总结经验、分析存在的问题，并采取必要的措施。

（3）学生第一次上实训课，实训任课教师负责向学生全面介绍实训室概况、实训室的设施和仪器设备、实训室的管理规章制度、注意事项、安全防范措施以及《学生实训守则》、课堂纪律等。

（4）实训开始前清点学生人数，按照课程要求进行分组，凡无故不上实训课或迟到 10min 以上者，均以旷课论处。

（5）课程结束后，要按规定清理场地，检查仪器设备状况，整理好各种物品，经任课教师同意后，方可离开实训场地，若发现问题要及时上报处理。

（四）实训成绩评定

（1）学生按实训大纲要求，完成全部内容并提交实训报告后方能参加成绩评定。成绩的评定要结合学生平常实训的态度、独立工作能力、报告完成的质量及实训中进行的必要考核（口试、笔试、实际操作等）成绩综合评定。

（2）凡未参加实训或缺少实训课时在 1/3 及其以上者，必须按实训大纲要求重修实训课程。实训不及格按一门课程不及格论处，补实训或重新实训不及格者不能毕业，按作结业处理。

（五）实训总结

实训结束时，各指导教师或带队教师须将相关资料送学生所在系存档，并将就本次实训所作的书面总结一式两份报系和教务处。

四、实训教学案例

【实训教学设计案例一】以兽医临床诊疗课程的"呼吸系统的临床检查"为例进行说明

(一) 准备和引入教学内容阶段

选择在兽医诊疗实训室或企业牛羊生产基地进行本次课的教学，教师可以通过以下一段话来引入教学：呼吸系统包括鼻、咽、喉、气管、支气管和肺。肺是进行气体交换的场所。鼻、咽、喉、气管、支气管是气体进出肺的通道，叫作呼吸道。呼吸系统是动物机体与外界环境进行气体交换，维持生命活动的重要系统，同时也是异物、病原侵入的主要门户，所以呼吸系统疾病发病率较高，尤其是幼龄、老弱、役用家畜和冬春气候寒冷骤变季节（此时在条件允许的情况下，可以播放动物发病的视频资料给学生观看）。呼吸系统解剖如图 3-3 所示。

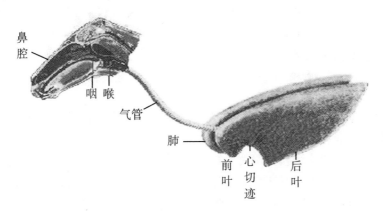

鼻腔

咽 喉

气管

肺

前叶 心切迹 后叶

图 3-3 呼吸系统解剖

呼吸系统的检查包括呼吸动作的检查、鼻液的检查、咳嗽的检查、上呼吸道的检查和胸部的检查。常用的检查方法包括视诊、触诊、叩诊、听诊。

(二) 示范、讲解

讲解、动作示范是兽医临床诊疗课程中最常用的一种直观教法，配与相关的语言讲解，具有形象、生动、真实等特点。教学中，教师通过动作示范和讲解，使学生在头脑中建立起所要学习的动作的表象，有效提高学生对动作结构、要领的了解。使学生掌握呼吸运动（呼吸次数、节律、类型及呼吸困难）、呼出气体、鼻液、咳嗽的检查方法；掌握上呼吸道检查法及胸肺的叩、听诊检查法。动作示范与讲解不仅可以使学生获得视觉、听觉上的直接感受和认识，更有利于学生对动作概念和过程的理解，最终让学生学会结合呼吸系统典型病例认识其主要症状并理解其诊断意义。

在这一环节，教师应该通过示范和讲解让学生掌握以下内容。

1. 呼吸运动的检查

检查呼吸运动时，应注意呼吸的频率、类型、节律、对称性、呼吸困难和膈肌痉挛等。

（1）呼吸频率（次数）的检查。一般可根据胸腹部起伏动作而测定，检查者站在动物的侧方，注意观察其腹胁部的起伏，一起一伏为一次呼吸。在寒冷季节也可观察呼出气流来测定。鸡的呼吸灵敏可观察肛门下部的羽毛起伏动作来测定。测定呼吸数时，应在动物休息、安静时检测。一般应检测 1min。应注意观察动物鼻翼的活动或将手放在鼻前感知气流的测定方法不够准确。必要时可用听诊肺部呼吸音的次数来代替。

（2）呼吸类型的检查。检查者站在病畜的后侧方，观察吸气与呼气时胸廓与腹壁起伏动作的协调性和强度。健畜一般为胸腹式呼吸（犬、猫为胸式呼吸），即在呼吸时，胸壁和腹壁的动作是协调的，强度大致相等。在病理情况下，可见胸式或腹式呼吸，犬、猫例外。

（3）呼吸节律的检查。检查者站在病畜的侧方，观察每次呼吸动作的强度、间隔时间是否均等。健畜在吸气后紧随呼气，经短时间休止后，再行下次呼吸。每次呼吸的间隔时间和强度大致相等，即呼吸节律正常。典型的病理性呼吸节律有：陈–施二氏呼吸（由浅至深再至浅，经暂停后复始），毕欧特氏呼吸（深大呼吸与暂停交替出现）、库斯英尔呼吸（呼吸深大而慢，但无暂停）。

（4）呼吸对称性的检查。检查者立于病畜正后方，对照观察两侧胸壁的起伏动作强度是否一致。健畜呼吸时，两侧胸壁起伏动作强度完全一致。病畜可见两侧不对称性的呼吸动作。

（5）呼吸困难的检查。检查者仔细观察病畜鼻的扇动情况及胸、腹壁的起伏和肛门的抽动现象，注意头颈、躯干和四肢的状态和姿势，并听取呼吸喘息的声音。健康家畜呼吸时，自然而平顺，动作协调而不费力，呼吸频率相对正常，节律整齐，肛门无明显抽动。呼吸困难时，呼吸异常费力，呼吸频率有明显改变（增或减），补助呼吸肌参与呼吸运动。尚可表现为如下特征。①吸气性呼吸困难。头颈平伸、鼻孔开张、形如喇叭，两肋外展，胸壁扩张，肋间凹陷，肛门有明显的抽动。甚至呈张口呼吸，吸气时间延长，可听到明显的吸气性狭窄音。②呼气性呼吸困难。呼气时间延长，呈二段呼出，补助呼气肌参与活动，腹肌极度收缩，沿季肋缘出现喘线（息劳沟）。③混合型呼吸困难。具有以上两型的特征，但狭窄音多不明显而呼吸频率常明显增多。

2. 上呼吸道的检查

（1）呼出气体的检查。于病畜的前面仔细观察两侧鼻翼的扇动和呼出气流的强度；并嗅闻呼出气体有无臭味。但怀疑为传染病（如鼻疽、结核等）时，检查者应戴口罩。健康家畜呼出气流均匀，无异常气味，稍有温热感。病畜可见有两侧气流不等，或有恶臭、尸臭味和热感。

（2）鼻液的检查。首先观察动物有无鼻液，对鼻液应注意其数量、颜色、性状、混有物及一侧性或两侧性。健康的马、骡通常无鼻液，冬季可有微量浆液性鼻液。牛有少量浆液性鼻液，常被其自然舔去。病畜可见有浆液性鼻液，为清亮无色的液体；黏液性鼻液，似蛋清样；脓性鼻液，呈黄白色或淡黄绿色的糊状或膏状，有脓臭味；腐败性鼻液，污秽不洁，带褐色，呈烂桃样或烂鱼肚样，具尸臭气味。此外，应注意有无出血及其特征（鼻出血鲜红呈滴或线状；肺出血鲜红，含有小气泡；胃出血暗红，含有食物残渣）、数量、排出时间及单双侧性。

（3）鼻液中弹力纤维的检查。取少量鼻液，置于试管或小烧杯内，加入10%氢氧化钠（钾）溶液2~3mL，混合均匀，在酒精灯上边振荡边加热煮沸至完全溶解。然后，离心倾去上清液，再用蒸馏水冲洗并离心，如欲使其着色，最好于离心前加入1%伊红酒精数滴。再取沉淀物涂片，镜检。弹力纤维为透明的折光性强的细丝状弯曲物、具有双层轮廓，两端尖或呈分叉状，常集聚成束状而存在。染色后呈蔷薇红色。弹力纤维易被某些酶溶解，故应多次检查才能准确。

（4）鼻黏膜的检查法。将病畜头抬起，使鼻孔对着阳光或人工光源，即可观察鼻黏膜。对小动物可用开鼻器。检查时应注意，应作适当保定；注意防护，以防感染；使鼻孔对光检查，重点注意其颜色、有无肿胀、溃疡、结节、瘢痕等。病理情况下，鼻黏膜的颜色也有发红、发绀、发白、发黄等变化。常见的有潮红肿胀（表面光滑平坦、颗粒消失、闪闪有光）、出血斑、结节、溃疡、瘢痕。有时也见有水泡、肿瘤。

（5）喉及气管的检查。外部视诊，注意有无肿胀等变化；检查者站在家畜的前侧，一手执笼头，一手从喉头和气管的两侧进行触压，判定其形态及肿胀的性状；也可在喉和气管的腹侧，自上而下听诊。健康家畜的喉和气管外观无变化；触诊无疼痛；听诊有类似"赫"的声音。在病理情况下可见有喉和气管区的肿胀，有时有热痛反应，并发咳嗽；听诊时有强烈的狭窄音、哨音、喘鸣音。对小动物和禽类还可作喉的内部直接视诊。检查者将动物头略微高举，用开口器打开口腔，用压舌板下压舌根，对光观察；检查鸡的喉部时，将头高举，在打开口腔的同时，用捏肉髯手的中指向上挤压喉头，则喉腔即可显露。注意观察黏膜的颜色，有无肿胀物和附着物。

（6）咳嗽的检查。可向畜主询问有无咳嗽，并注意听取其自发咳嗽、辨别是经常性还是阵发性，干咳或湿咳，有无疼痛、鼻液等伴随症状。必要时可作人工诱咳，以判定咳嗽的性质。

牛的人工诱咳法可用多层湿润的毛巾掩盖或闭塞鼻孔一定时间后迅速放开，使之深呼吸则可出现咳嗽。应该指出，在怀疑牛患有严重的肺气肿、肺炎、胸膜炎合并心机能紊乱者慎用。在病理情况下，可发生经常性的剧烈咳嗽，其性质可表现为：干咳（声音清脆、干而短）；湿咳（声音钝浊、湿而长）；痛咳（不安、伸颈）。甚至可呈痉挛性咳嗽。

3. 胸廓的检查

胸廓的检查方法一般采用视诊和触诊。胸廓的视诊，注意观察呼吸状态，胸廓的形状和对称性；胸壁有无损伤、变形；肋骨与肋软骨结合处有无肿胀或隆起；肋骨有无变化，肋间隙有无变宽或变窄、凸出或凹陷现象；胸前、胸下有无浮肿等；胸廓触诊时应注意胸壁的敏感性，感知温湿度、肿胀物的性状并注意肋骨是否变形及骨折等。

健康动物胸廓两侧对称，脊柱平直，肋骨隆起，肋间隙的宽度均匀，呼吸亦对称。

病理情况下，桶状胸可见于严重的肺气肿、小动物的胸腔积液、急性纤维性胸膜炎等。扁平胸又称鸡胸，可见于佝偻病、软骨症、慢性消耗性疾病。两侧胸廓不对称可见于一侧肋骨骨折、单侧性胸膜炎、胸膜粘连、骨软症、代偿性肺气肿等。

4. 胸、肺叩诊

图 3-4　牛肺叩诊区

（1. 髋结节水平线；2. 肩关节水平线）

（1）肺叩诊区。①背界。平行线与马同，但止于第十一肋间隙。②前界。由肩胛骨后角沿肘肌向下画一类似"S"形的曲线，止于第四肋间隙下端。③后界。由第十二肋骨与脊柱交接处开始斜向前下方引一弧线，经髋结节水平线与第十一肋间隙交点；肩关节水平线与第八肋间隙交点，止于第四肋间隙下端。

此外，在瘦牛的肩前 1~3 肋间隙尚有一狭窄的叩诊区（肩前叩诊区）。

绵羊和山羊肺叩诊区与牛相同，但无肩前叩诊区。

（2）叩诊方法。胸、肺叩诊除应遵循叩诊一般规则外，须注意选择大小适宜的叩诊板，沿肋间隙纵放，先由前至后，再自上而下进行叩诊。听取声音同时还应注意观察动物有无咳嗽、呻吟、躲闪等反应性动作。

正常肺区叩诊音，大家畜一般为清音，以肺的中 1/3 最为清楚；而上 1/3 与下 1/3 声音逐渐变弱。而肺的边缘则近似半浊音。健康小动物的肺区叩诊音近似鼓音。胸部叩诊可能出现疼痛性反应，表现为咳嗽、躲闪、回视或反抗；肺叩诊区的扩大或缩小；出现浊音、半浊音、水平浊音、鼓音、过清音、破壶音、金属音，这些都是胸肺的病理性质变化的表现。

5. 胸、肺听诊

听诊器结构由耳塞、耳环、弹簧片、导管、三通（"Y"形分支器）、听头组成。具体见图 3-5。

肺听诊区和叩诊区大致相同。听诊时，应先从呼吸音较强的部位即胸廓的中部开始，然后再依次听取肺区的上部、后部和下部。对于牛尚可听取肩前区。每个听诊点约间隔 3~4cm，在每点上至少听取 2~3 次呼吸，且须注意听诊音与呼吸活动之间的联系。对可疑病变与对侧相应部位对比听诊判定。如呼吸音微弱，可给以轻微的运动后再行听诊，使其呼吸动作加强，以利听诊。注意呼吸音的强度、性质及病理性呼吸音的出现。

健康家畜可听到微弱的肺泡呼吸音，在吸气阶段较清楚，如"吠""吠"的声音，整个肺区均可听到，但以肺区中部为最明显。动物中，马的肺泡音最弱；牛、羊较明

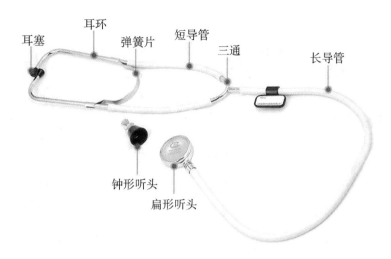

图 3-5　听诊器示意

显，水牛更微弱；幼畜比成年家畜略强。除马属动物外，其他动物尚可听到支气管呼吸音，在呼气阶段较清楚，如"赫""赫"的声音，但并非纯粹的支气管呼吸音，而是带有肺泡呼吸音的混合呼吸音。

牛在第 3~4 肋间肩端线上下可听到混合呼吸音。绵羊、山羊和猪的支气管呼吸音大致与牛相同。犬在整个肺区都能听到明显的支气管呼吸音。

在病理情况下，可见肺泡呼吸音的增强或减弱，甚至局部消失。还可听见病理性呼吸音或附加音，病理性支气管呼吸音、混合性呼吸音（"呋""赫"），湿啰音（似水泡破裂音，以吸气末期为明显），干啰音（似哨音、笛音）、胸膜摩擦音（似沙沙声、粗糙而断续，紧压听诊器时明显增强，常出现于肘后）、拍水音、捻发音、空瓮音。

（三）学生模仿、反复练习

教师讲解及动作示范完成后，就是学生大量反复练习的过程。实训过程中技能的反复练习是课堂教学的重要组成部分，恰到好处的练习不仅能巩固知识、形成技能，而且能启发思维、培养能力。因此，教师要充分调动学生的积极性，激发学生的学习兴趣和注意力。

【实训教学设计案例二】以《外科手术》课程中的"犬剖宫产手术"为例进行说明

（一）提出任务阶段

选择外产科实训室为教学场所，安排 6 人为一组。提出任务：你们是某某宠物医院的医疗团队，现有一母犬有难产现象，请你们做出合理手术方案并实施。

（二）方案设计阶段

学生设计方案过程须提供大量资料，或让其自主收集资料，教师需分析完成任务的过程中可能出现的问题，并提出可行的解决办法。犬剖宫产手术方案应包括以下内容。

1. 手术人员分工

术者：1人，组织及完成整个手术，对整个实验中可能出现的异常情况进行分析，总结并提出有效的预防及解决方案。

第一助手：1人，帮助术者完成手术。术前帮助麻醉；负责器械及敷料的整理、消毒、清点、摆放、传递工作，并随时清除剩余线头、血迹等；在手术过程中配合术者进行切开、止血、结扎、缝合；术中观察动物的反应，呼吸、脉搏、体温和异常表现等。

第二助手：2人，术前帮术者穿戴手术衣、手术帽、口罩；动物检查；手术过程中负责动物保定，确保人畜安全及手术顺利进行；帮忙清理术部、术部的固定；术后负责术部消毒、牵引线的拆除等。

2. 手术材料

手术所准备的器械、药品、物品种类和数量见表3-7。

表3-7　手术所用的器械、药品、物品种类和数量

器械或药品名	数量	器械或药品名	数量
4#手术刀柄	2把	消毒杯（500mL）	2个
剪线剪	1把	污物桶	1个
弯手术剪	1把	棉球	若干
止血钳（直、弯）	14把	保定绳	6根（1~1.5m）
腹腔拉钩	2把	22#圆刃刀片	1把
组织钳	6把	直尖手术剪	2把
有钩探针	1个	剪毛剪	1把
无齿镊	2把	创缘拉钩	2个
大三棱针	4个	创巾钳	8个
小弯圆针	4个	有齿镊	1个
一次性注射器	6个	压肠板	1个
丝线（1#、4#、7#、10#）	若干	持针钳	2个
肠线（0#、3#）	若干	大弯圆针	个
小敷料纱布	20块	直缝合针	4个
隔离创布	若干	输液胶管	1根
手术衣、帽、口罩	5套	大敷料纱布	若干
手术手套	5双	贮槽	1个
器械盘	1个	有盖方盘	1个
肾型盘	2个	消毒杯（1 000mL）	1个
消毒泡手桶	2个	消毒洗盆	1个

（续表）

器械或药品名	数量	器械或药品名	数量
擦手巾	5块	手术台（带无影灯）	1台
手术垫	1个		
麻醉药：舒泰	0.1mL/kg	止血敏	5~15mg/kg
维生素K	10~30mg/kg	镇痛药：龙朋	1~2mg
安钠咖	0.1~0.3g	尼可刹米	0.5g
樟脑磺酸钠	100~500mg	肾上腺素	0.5mL
其他	葡萄糖水，生理盐水，5%碳酸氢钠注射液，注射用水，2%~5%碘酊，75%酒精，新洁尔灭若干		

3. 术前准备

（1）器械、敷料及手术场地准备（由第一、第二助手共同完成）。①手术室光线，清洁，整理消毒。要求手术室宽敞、清洁，照明等能正常工作。②保定绳、架、垫、手术台的准备、消毒。③手术器械、敷料的准备、消毒。④手术药用品的准备。

（2）动物的术前检查（由第二助手完成）。①全身检查。检查患畜精神状态、眼结膜颜色、大小便情况、食欲情况等。②患部检查。患部外观和内部检查。③妊娠检查。患畜妊娠检查。④采取必要措施。禁食（12~24h）、禁水（6~12h）、输液、预防性止血、抗菌、止痛、镇静、防异物性肺炎（注射阿托品1mL/头）、剪毛、剃毛、清洁体表。

（3）剪毛及术部消毒（由第二助手完成）。①给犬逆毛流剪毛，肥皂水浸润后顺毛流剃毛。②剪毛和剃毛范围要离手术切口位置左右10cm，上下5cm。③皮肤创缘有内朝外回形用酒精+碘酊+酒精消毒。④手术刀口用碘酊画线标记"+"，并铺设灭菌隔离创布。

（4）动物的麻醉（由第一助手完成）。①犬的称重（由第二助手完成并记录）。②犬的麻醉，用舒泰（0.1mL/kg）于犬的背部注射（由第一助手结合体重完成）。③麻醉效果判定，针刺皮肤或拉舌头（由第一助手完成）。④麻醉安全判定，听心音，听呼吸（由第一助手完成）。

（5）保定。犬麻醉后置于手术台做仰卧四肢保定，扎口保定，四肢做猪蹄扣结，头部稍歪向一侧，加胸、腹带固定。

（6）手术人员消毒。①手臂的洗刷。用肥皂水反复清洗，用指甲刷对甲缝、关节皮肤刷洗，将清水从手指尖朝肘部流淌，用灭菌手帕从手指朝肘部擦干。②将手臂浸泡在0.1%新洁尔灭溶液5min。③手术人员穿戴消毒杀菌后的手术帽、口罩、手术衣、手套。

4. 手术部位

脐后腹正中线切口：脐后1cm，据犬的体型而定，切口长度一般为4~8cm；子宫角大弯近子宫体处做5~6cm切口。

（三）任务实施阶段

此阶段必须在教师全程指导下完成。犬剖宫产手术实施步骤应有如下内容。

（1）由第一助手先给犬注射预防性抗生素、止疼药以及镇静药。

（2）腹壁切开及必要的止血。①于脐孔前与剑状软骨之间的腹中线之间切开原先做好的切开宽度的皮肤。②锐性紧张切开皮肤，出血时用纱布压迫止血或止血钳钳夹止血。③钝性分离皮下组织。

（3）腹膜切开。①由第一助手用有齿组织镊夹持腹中线并上提，皱壁切开腹白线并用手术剪前后扩大腹膜切口，切口长度与皮肤切口长度相等或略长。②用隔离巾隔离腹腔和腹壁创缘，用扩张器或腹腔拉钩扩张腹腔。

（4）切除镰状韧带。将镰状韧带牵引拉出，蒂部结扎，在腹壁切口两侧与腹膜连接处剪去镰状韧带，用纱布压迫止血或止血钳钳夹止血。

（5）找出扩张的子宫角。术者小心牵出双侧扩张的子宫角于腹腔外，用隔离巾隔离子宫与腹壁。

（6）切开子宫。用外科刀在一侧子宫角靠近子宫体大弯处切开子宫壁6~7cm，根据胎儿大小可扩至需要长度。

（7）取出胎儿。将子宫切口处带着胎盘和胎膜的胎儿挤出，交给第二助手，由第二助手处理胎儿。依次将双侧子宫内的胎儿由子宫角切口处取出。并确认无胎儿的遗漏。

（8）子宫切口的闭合。对子宫切口做简单擦拭后进行缝合，第一层用3-0可吸收线进行全层连续缝合，每缝合完一针都要拉紧，使切口缘对和整齐，防止黏膜外翻。第一层缝合完，用生理盐水充分冲洗，转入第二层连续伦勃特氏缝合，第二层缝合完成，退去牵引线和隔离纱布，并用生理盐水冲洗子宫壁后，将子宫慢慢还纳回腹腔内。除去牵开器，清理伤口，准备关复。

（9）腹腔的关闭。①清点手术器械，用品。②腹膜与腹直肌用3-0可吸收线连续螺旋缝合；缝完后用生理盐水冲洗。③做皮肤缝合，用2-0可吸收线采用结节缝合，缝完后同样用生理盐水冲洗。

（10）胎儿的护理。第二助手负责将胎膜撕去，擦拭干新生犬身体的羊水以及口腔内的污物。按压胸腔以刺激其呼吸。结扎脐带并剪断消毒。

（四）学生自查、工作评价阶段。

犬剖宫产手术实施过程应让学生注意即工作评价的要点如下。

（1）剪毛时要小心，切勿剪伤皮肤。

（2）称重要准确，剂量要计算准确。

（3）麻醉前要打止血敏，术时要避免大血管，若不慎出血过多要用止血钳做好止血措施。

（4）麻醉时麻醉部位要剪毛消毒。

（5）手术过程中可能会由于个体差异而导致麻醉不足，可以在术间追加1/3麻醉量/次。

（6）链状韧带切除前蒂部要做结扎，以免大出血。

（7）手术时如出现呼吸衰竭时用樟脑磺酸钠（一次量50~100mg）。

（8）手术时如出现心脏骤停用肾上腺素（静脉注射0.1~0.3mL/kg）。

（9）腹臂切口的每一层组织力求一次切开，注意保持切口整齐，并要注意充分、切实止血。以上问题都是学生自查及教师进行检查要注意的重点。

五、实训教学评价

实训教学评价应该包括实训规范及实训准备、实训大纲及实训项目教学设计、实训组织管理能力、实训过程质量控制、实训效果五个方面的内容，具体见表3-8。

表 3-8　实训教学评价表

实训指导教师		实训地点、时间	
实训项目		是否校内实训基地进行	
实训说明：			

评价项目	主要内容	评价得分
实训规范及实训准备（20分）	（1）教学标准、教师实验手册或学生实验手册或实验实训报告等完备，安全措施完善。 （2）职业训练情境或工作环境布置妥当，训练氛围良好。 （3）教师实训教学安排与教学组织到位，设备条件及安全措施准备良好。 （4）学生现场任务明确、心理准备到位，能够以职场员工的心态投入实训	A：12~15 B：8~12 C：0~8
实训大纲、实训项目教学设计（20分）	（1）实训教学大纲是实训课程拟达到的教学目标及具体教学要求，是确定实训内容，组织学生实训与实训成绩评定的主要文件和依据。凡专业人才培养计划设置的各类实训，都必须根据不同的教学目标，制定相应的实训教学大纲。其内容应包括：①实训的性质、目的和要求。②实训的内容、形式、方法和时间安排。③实训的组织与实施。④作业与实训报告的内容及要求。⑤实训考核方式及成绩评定标准。⑥大纲制订人和大纲审核人。 （2）实训项目整体目标与内容明确，符合教学标准规定的能力培养要求。 （3）实训项目内容分解安排明确合理，能力训练关键环节把握准确、到位。 （4）实训项目教学设计符合行动导向要求，体现以学生为主体的自主学习要求	A：15~12 B：8~15 C：0~8
实训组织管理能力（20分）	（1）学生实训时间安排合理严谨，学生练习的强度合适，能够体现"做中学"。 （2）亲临实训现场，认真指导，解答学生提出的问题，并进行理论联系实际的教学。 （3）实训前组织学生实训动员，学习实训大纲和实训计划，对学生提出注意事项及要求（包括学生作息、请假、安全纪律，奖惩、考核办法等）。下达实训任务（实训任务书格式、要求及操作方式由各学院制定）、发放实训大纲。 （4）学生现场工作有序，能自觉遵守工作现场纪律	A：14~20 B：8~14 C：0~8

（续表）

评价项目	主要内容	评价得分
实训过程质量控制（20分）	（1）实训中教师现场引导得当，指导正确、训练规范、专业熟练，态度耐心。 （2）根据实训大纲会同实训单位拟定详细的学生实训分组和实训方案，并与实训单位一道认真组织实施。在校内实训基地进行的实训，指导教师在编制实施计划时，要明确给出在实训期间各阶段指导的主要内容和责任教师（即实施计划表），并在执行前1周交学校批准和教务处实践教学科备案。 （3）实训中操作规范，关键环节有团队讨论交流与过程考核。 （4）教师的组织、引导与指导到位，学生之间与师生之间互动良好	A：14~20 B：8~14 C：0~8
实训效果（20分）	（1）项目以物化成果形式表现程度。 （2）学生实践能力、团队协作、创新精神的感知与提升程度。 （3）作业文件合理，技术报告规范。 （4）实训成绩按优秀、良好、中等、及格和不及格五级记分制评定。评分标准如下：①优秀。实训态度端正，无缺勤和违纪，工作积极主动、刻苦、勤奋，全面完成大纲要求，实际操作能力强，理论联系实际好，作业质量高，内容正确，实训报告全面系统，考试中能很好地回答问题。②良好。实训态度端正，无违纪现象，工作积极主动，较好完成大纲要求，有一定实际操作能力，能理论联系实际，作业内容正确，实训报告全面系统，考试中能较好地回答问题。③中等。实训态度基本端正，无违纪现象，有一定实际操作能力，能理论联系实际，作业内容基本正确，达到实训大纲要求，考试中能正确回答问题。④及格。实训态度基本端正，达到实训大纲要求，能完成实训作业和实训报告，内容基本正确，考试中能回答基本问题。⑤不及格。凡具备下列条件之一者，均以不及格计，或取消考核资格，只能随下一年级重修	A：14~20 B：8~14 C：0~8
总　　分		
简要评价及建议		

项目四　动物科学专业综合技能实训教学设计与运用

一、概述

职业综合技能是按照目前的职业资格技能分类和知识分类，以不同的基本技能为出发点，由两种以上的技能类型高度融合而成的一种新型技能。

最常见的，在现有的职业技能教学和社会就业培训中，职业综合技能通常被称作"1+N"技能。"1"代表"1个核心"，是核心职业技能；"N"代表"N个辅助技能"，是根据自身的职业发展取向和人才市场的要求而选择掌握的其他职业技能。这一概念目前应用较为普遍。但这种概念的定义倾向于"一专多能"，追求的是从业者或学生首先要熟练掌握一门技能，在此基础上根据教学目标的需要或者就业岗位的需求，学习和发展其他的技能并达到良好的融合。应该说这种定义和模式对于很多从业者来说是非常务实的。实际上很多岗位的从业人员都有这样的感触，一开始工作可能从事的是某一个方向、某一个工种的职业，随着工作的深入及个人水平的提高，需要切入其他领域，这个时候就需要"充电""继续学习"，并将学到的新知识和已有的知识有机结合。但如果应用这种模式引入学校的教学，就会出现一定的困难。按照这种模式，学生在一入学首先要学习的是一个工种的所有知识，然后到了高年级，才开始接触另一个工种的知识，或者是一个主要技能。这样一来，"另一个"就成为辅修技能。这样势必增大了理论知识课程的学时，从而操作技能的训练时间和机会将减少。而且很多的就业岗位是无法区分哪个是专、哪个是通的，比如说家畜繁殖工，我们并不能定义说围绕这一岗位的技能里面究竟是采精更重要还是输精更重要，它们的地位是等同的。

职业综合技能的形成一般有赖于三个基本要素，它们是高移技能、高级思维技能和交叉技能。首先应该理解职业综合技能形成的过程，在职业院校的教学环节中，学生都是先从单一技能开始入手，通过日常反复的操作达到技能熟练，才能将不同的技能兼容并蓄，形成良好的融合。在学习的过程中，学生的专业领域知识也日益丰富和复杂，达到一定的程度以后，就会超越目前所学，从而逐渐掌握一种更为高级的工作技能，有些学者称之为"高移技能"。换句话说，这种"高移技能"的获得是建立在超越了对当前技能的初步理解和获得相对简单的专业领域知识的基础之上。职业综合技能的第二个要素是"交叉技能"。在职业综合技能训练教学中，学生不仅被要求能在特定的工作情境中完成具体的操作，还被要求拥有把知识和技能迁移到相关的任务和情境中加以应用的能力，从而形成交叉技能。学生逐步从单一的知识结构向建立有联系的、有扩展力的良好知识结构发展，在职业综合技能的培训中，应倡导突破各专业领域之间的界限，着力于帮助学习者对不同领域的认知，并建立不同领域之间的联系，以促进交叉性技能的形成。

而所有这一切必然要求在职业综合技能训练中要注意对学生高级思维技能的培养。这包括开放和开阔的头脑；持续的求知欲望；努力寻求建立联系和作出解释；制订和执行计划，并预期结果；精确地处理信息；权衡和评价各种理由；反省自己的思维方式。

二、职业综合技能教学设计

(一) 职业综合技能教学设计理念

1. 采取项目引领、工作任务为中心的一体化教学设计方式

教学目标应以典型产品或服务为载体，教学顺序按照项目编排展开，这样设计教学的优点是能最大限度地培养学生的职业能力，不但可以培养学生的操作技能，更重要的是可以提高学生的关键能力，通过完成任务学习知识和技能，有利于激发学生的学习兴趣。

2. 充分挖掘学生潜力，培养学生创新能力

在教学过程中始终贯穿一个宗旨，即让学生参与，并让其体验个体存在的价值。职业综合技能教学设计应定位为培养学生的综合职业能力。

3. 充分利用现代教学手段，增强教学效果

倡导和鼓励教师使用现代教学手段，用图文音像等方式向学生传递综合信息，演示教学内容，可以增强教学过程的直观性和可视性，丰富教学内容，提高学生学习的积极性。在教学中，教师注意发挥多媒体在教学中的作用，以现代教育技术为依托，根据教学需要，制作专门的案例教学课件，进行经典案例教学，由教师或实践课辅导老师进行解说评价，进行有针对性的教学，可收到良好的效果。

（二）教学方法运用

职业综合技能类型决定教学方法，只有从教学内容和综合技能类型的特点出发进行教学方法改革，才能收到实效。要求教师根据职业综合技能特点采用不同的教学方法，鼓励教师对只要能达到教学效果优化、实现学生学习能力提高的教学方法就可以进行大胆尝试、创新。

对于培养家畜繁殖工、饲料检测化验员、兽医化验员等需要在操作上反复训练才能形成的能力时，主要采用项目教学、任务驱动法，一般在实验室、实训基地完成。每个班级分成若干小组，每组4~6人，教学实施过程包括教师布置工作任务、学生进行工作任务分析、学生制订工作计划、学生实际操作、学生与自我检验和归纳、学生与教师共同评价六步，工作任务教学实施过程完整有序。通过由教师设置的任务项目，如从仪器的选择、设备的安装调试、试剂与药物配制开始，到生产基地等稍复杂的实际操作，形成从简到繁、从易到难"渐进式"教学实施过程，在学生实际操作训练中，通过自主学习培养分析问题和解决问题的思想和方法，通过演讲汇报锻炼其表达能力，并训练在实际工作中与不同专业、不同部门的同事协调、合作的能力。

对于动物生产中的疾病防治部分，采用案例教学和引导文教学法。对看不见、摸不着的疾病诊断、防治等内容，采用案例教学法，借助案例分析完成教学。而疾病发生的原因，需要通过推理来验证假设，常采用引导文教学法，由教师给学生提供一系列参考引文，引导学生一步一步地剥去包裹真正疾病原因的假象，从而学会诊断疾病的排查方法。为了让学生能更好地完成工作任务，常将某一项疾病防治的工作过程以详细的引导文列出，制成工单形式，让学生在设定的工作环境下主动参与实际操作过程。学生还能通过完成引导文形式的任务工单，评价自己的最终学习效果。

对于动物生产的饲养管理技术，采用项目教学和角色扮演相结合。在教学中，课堂是舞台，学生就是演员，他们根据兴趣和能力扮演不同的角色（如扮演客户、饲养员、技术工人、技术主管、车间主任、技术厂长），教师退居幕后，成为导演。它体现了教学活动的开放性。在完成任务的过程中让学生有企业工作的真实情景感，培养了学生的沟通能力、学习能力、创新能力和协作能力等综合素质。

对于养殖场经营管理较为复杂的教学内容，在装备虚拟仿真软件上采用"示、看、仿、练"四步教学法，让学生不断模仿，在练习过程中掌握养殖场经营管理的基本方法。

三、职业综合技能教学实施

（一）分解训练，温故知新

教师在进行现场教学前应将完整的技能动作合理地分解成若干部分，然后按环节或部分分别进行训练，在此期间对各个动作的训练顺序没有特殊的要求，重点是对每一个分解动作进行正确的理解、分析和操作，力求动作规范。这部分需要引导学生体会动作的难点在什么地方、原因是什么。

在综合技能操作的顺序过程中，有部分动作可能是通过基本功训练已经掌握熟练的，而熟能生巧，在反复对基本动作进行练习和思考的过程中，学生也会自己不断加深对操作技能的体会，而且由于这种教学的目标相对于基本功训练有明显的难度上的增加，因此应该极其注意培养学生的自信心，激发起他们探索新的知识和技能领域的热情。因此，在刚开始练习时不要给学生提出难度太大的目标，而应该让他们"温故"，在这个过程中一方面巩固已有的技能，另一方面找到难点和重点所在。

（二）典型突破，传授技法

综合技能训练教学的核心任务是解决高难度的技能和技巧。在这个阶段，适宜采用"做中学"和"学中做"，给学生充分的时间来体会操作技能。再难的动作实际上也是由每一个基本的分解动作完成的，教师应该尽量引导和调动学生的思维积极性和创造性。如果说基本技能训练需要的是有板有眼的再现动作，那么综合技能训练教学则侧重于学生个性和思维活力的发挥，注重再生技能和创造性技能的培养，或者说是心智技能的培养。不单单满足于正确的模仿和练习，更重要的是知识的迁移和深入的理解。为了实现这一目标，应按照由易到难、循序渐进的顺序来设计教学项目。在教学中要强调学生个体主动探究、独立完成，需要学生多思考"为什么会存在这一问题""这一难点需要哪些所学的知识""是否有未知的知识""如何连贯完成"等。

（三）整合训练

针对教学目标，将各个分解的技能动作贯穿起来，完整地进行练习。注重的是体会成套技能的内在联系、动作的流畅性。在整合训练过程中，要避免急于求成。因为学生学了比较高难度的技能和技巧后，容易对基本技能、基本规范掉以轻心，只想挑战难度，这对于技能教学来说是非常不利的。因此教师应加强对学生的正确疏导和监督。

（四）强化训练

对一组综合技能进行足够充分的重复练习。两次练习之间安排相对充分休息时间的练习方法。通过对同一技能的多次重复，经过不断强化，有助于学生巩固并熟练掌握操作技能。提高技能的速度品质，提高技能操作的熟练性、规范性和技巧性、稳定性。在这个阶段，教师要注意学生的差异性，每个学生的基础不同，接受力和心智技能的反应速度有所区别，在综合训练阶段的反应尤其明显，因此一方面要利用这个机会对掌握较快的学生加以点拨，树立榜样，另一方面对接受比较慢、动作不规范、技巧性较差的学生加以单独辅导。

（五）考核与评价

综合技能训练对于学生的自主学习能力和思维方法都有较高的要求。可以通过精心设计的训练项目进行考试，以考试的方式进行教学评价。由于学生学习基础和个人学习目标的不同，不可能所有的学生都在有限的时间内形成综合技能。这与学生的兴趣和学习动力有着密切的关系。通过技能竞赛和技术创新等活动，可以不断发现和选拔具有较好学习基础的学生；可以通过对优秀技能人才的表彰来加大宣传力度，提高学生的学习兴趣，形成良好的学习、交流技术技能的氛围。评价内容除技能的正确和娴熟以外，还应该充分考虑学生在技能形成过程中的思维方式、创新思维的能力。也可以组织学生进行讨论交流。

四、职业综合技能教学案例

【职业综合技能教学设计案例】以《动物科学专业综合技能项目》课程中的"猪的繁殖综合技能实训"教学为例

猪的繁殖综合实训课一般在第三个学期开设，时间是一个星期，通过本课程的学习，使学生能独立进行种猪场、商品猪场年度繁殖计划的制订，独立开展猪场人工授精（采精、精液品质检查、精液的稀释、精液保存、输精等）工作，能熟练进行母猪的发情鉴定、妊娠诊断、母猪接产等操作。

通过本次综合实训，要求学生掌握的技能有：掌握猪场繁殖计划制订方法；掌握猪的拳握法采精技术；掌握公猪精液的一般检查、密度检查、活力检查、精子畸形率检查；掌握公猪精液稀释液的配制、精液的稀释、保存和输精等技术；掌握母猪的发情鉴定技术；掌握母猪分娩接产技术和假死仔猪的救助技术。

（一）分解训练，温故知新

本次综合实训课程包括的内容有：猪场繁殖计划制订；采取公猪的精液；公猪精液的一般检查；公猪精液的精子密度检查；公猪精液的精子活力检查；畸形精子检查；公猪精液稀释液的配制；公猪精液的稀释；公猪精液的保存；母猪的输精；母猪的发情鉴定；母猪的妊娠诊断；母猪分娩助产。

这些内容中，公猪精液质量检查和精液的稀释与保存是基本技能实训课程中已经熟练掌握的内容，在本次综合实训开始，可以先让学生温故这一部分内容。具体包括以下内容。

1. 公猪精液的一般检查

（1）射精量。将采得的精液倒入有刻度的试管或集精杯中，测其容量。各种家畜的射精量请参考教材。如果精液量过多或过少时，分析其原因。

（2）色泽和气味。家畜的精液通常为乳白色或灰白色，因畜种的不同而有浓淡的区别。马、猪的精液稀薄，呈灰白色；牛、羊的精液浓密，呈乳白色。家畜精液无味或略有腥味。

（3）云雾状的观察。取原精液一滴于载玻片上不加盖玻片，用低倍镜观察精液滴的边缘部分。牛羊的精液可见翻腾滚动的云雾状态，猪、马的精液无此现象。

2. 公猪精液的精子密度检查

精子密度也称为精子浓度，指每毫升精液中所含的精子数。精子密度的大小直接关系到精液稀释倍数和输精量的有效精子数，也是评定精液品质的重要指标之一。评定方法一般有目测法和计数法。

（1）目测法。与检查活率的方法相同，往往与观察活率同时进行，只是精液不作稀释。具体操作是取 1 小滴原精液在清洁载玻片上，加上盖玻片，使精液均匀分散成一薄层，无气泡存留，精液也不外流或不溢于盖玻片上，置于 400～600 倍显微镜下观察。根据精子密度的大小粗略分为密、中、稀三个等级。

"密"指整个视野内充满精子，几乎看不到精子间的空隙和单个精子的运动。"中"指视野内精子之间相当于一个精子长度的明显空隙，可见到单个精子的活动。

"稀"指视野内精子之间的空隙很大，能容纳 2 个或 2 个以上精子。这种评定方法带有一定的主观性，误差较大。另外，由于各种家畜精子密度差异较大，很难统一制订标准。此法只在基层人工授精站常用。

（2）血吸管计算。第一步，清洗器械。吸管，自来水→蒸馏水→95%酒精→乙醚；计数室，自来水→蒸馏水→白绸布擦干净备用。第二步，精液稀释。①用 1mL 移液枪吸 0.2mL 或 2mL 3%NaCl 溶液，放入小试管中，用血吸管吸出 10μL 或 20μL NaCl 溶液（根据稀释倍数确定）抛掉。②用血吸管将精液吸至刻度 10μL 或 20μL 处。③用纱布擦去吸管尖端所附的精液后，注入试管中。④用拇指按住试管口，振荡 2～3min 使其均匀混合。第三步，精子的计数。①将擦洗干净的血细胞计数室放于显微镜的载物台上，盖上盖玻片。②将试管中稀释好的精液滴一滴于计数室上面的盖玻片的边缘，使精液自动渗进计数室内。注意不要使精液溢出于盖玻片之外，并不可使精液不够而计数室内出现气泡或干燥之处，如有这些现象应重做。③静置 2min 便可在 400～600 倍的显微镜下检查。④计算计数室的四角及中央共五个中方格即 80 个小方格内的精子数。⑤计算每小格内的精子，只数格内及压在左线和上线者。⑥由 5 个中方格（80 个小方格）所数到的精子数代入下式即得出每毫升的精子数。

每毫升内所含精子数 = 5 个中方格内的精子数×400×10×1 000×稀释倍数

为了减少误差，必须进行两次计数，如果前后两次误差大于 10%，应做第三次检查。最后在三次检查中取两次误差不超过 10%，求出平均数，即为所确定的精子数。

（3）血球吸管计算。第一步，清洗器械。吸管，自来水→蒸馏水→95%酒精→乙醚；计数室，自来水→蒸馏水→白绸布擦干净备用。第二步，精液稀释。①羊、鸡的精液（密度高）。用红细胞吸管将精液吸至 "0.5" 刻度处，然后再吸取 3%NaCl 溶液至 "101" 刻度，为稀释 200 倍。若将精液吸至 "1.0" 刻度处，再吸 3%NaCl 至 "101" 刻度，则为稀释 100 倍。②猪、马、兔的精液（密度低）。用白细胞吸管将精液吸至 "0.5" 刻度处，然后再吸取 3%NaCl 溶液至 "11" 刻度，为稀释 20 倍。若将精液吸至 "1.0" 刻度处，再吸 3%NaCl 至 "11" 刻度，则为稀释 10 倍。第三步，精子的计数。①将计数室推上盖玻片。要求盖玻片被推上后以立起计数室不掉下来为原则，并且盖玻片在折光时可见到清晰的彩色条纹。②将盖好盖玻片的计数室置于低倍镜下观察，首先要求找到清晰的计数室。③用血球吸管吸精液，用药棉擦去吸管尖端外围附着的精液，并用 3%NaCl 溶液按 1∶1 稀释，根据不同的家畜用不同的吸管稀释。④吸管吸好精液和 3%NaCl 溶液以后，用拇指及食指堵住吸管两端进行来回地充分摇动混匀。然后弃去吸管中的前 2 滴，再将吸管尖端置于血球计数室和盖玻片交界处的边缘上，吸管内的精液自动渗入计数室内，使之自然、均匀地充满计数室。注意不要使精液溢出盖玻片，也不可因精液不足而使计数室内有气泡或干燥处，否则，应重新操作。静放 2min，开始计数。⑤移到高倍镜下镜检和计数。首先数出四角和正中间的 5 个中方格中的精子数，也就是 80 个小方格中的精子数。载物台要平置，不能斜放，光线不必过强。计数时先数出四个角及中央的 5 个中方格中的精子数，然后用下列公式计算。重复次数同前。

每毫升原精液内的精子数 = 5 个中方格内的精子数×5×10×1 000

$$×稀释倍数×X（如果是原精液不要×"X"）$$

式中，"X" 为检查精液的稀释倍数。

3. 公猪精液的精子活率检查

采精后立刻在 25℃左右的实验室内评定精子的活率，最好在 37℃保温箱内或加热的载物台上进行。在评定精子活率的同时也可以测定精子的密度。用玻璃棒蘸取一滴原精液或经稀释的精液（其温度须与精液密度相近）滴在洁净的载玻片上，盖上洁净的盖玻片，其间充满精液，不存留气泡。也可滴在盖玻片上翻放于凹玻片的凹窝上。置于显微镜下，放大 250～400 倍检查。注意显微镜的载物台须放平，最好是在暗视野中观察。

精子活动有三种类型，即直线前进运动、旋转运动和原地摆动。评价精子活率是根据直线前进运动精子数的多少而定。

目前评定精子活率等级的方法有两种。①十级制。在显微镜视野中估算直线前进运动精子所占全部精子的百分数。直线前进运动的精子为 100% 者评为 1.0 级，90% 者为0.9 级，以此类推。②五级制。全部精子都呈直线前进运动，属于 5 级；绝大多数呈直线前进运动（约 80%）为 4 级；前进运动精子略多于半数者（约 60%）为 3 级；不及半数者为 2 级；呈直线前进运动的精子数目极少者属 1 级。

精子活率是精液品质评定的重要指标。受精能力与直线前进运动精子数的多少密切相关。新鲜精液的活率大于 70% 时，方可用于人工授精。

4. 精子形态和畸形率的测定

畸形精子形态可分为头部畸形、尾部畸形和中段畸形三类。头部畸形的精子包括窄头、头基部狭窄、梨形头、圆头、巨头、小头、头基部过宽、双头、顶部脱落等；尾部畸形精子包括带原生质滴的精子（近端、远端）、无头的尾（它和无尾的头往往是一个精子的两部分，在分析时一般算作尾部的畸形）、单卷尾、多重卷尾、环形卷尾、双尾等；中段畸形的精子包括颈部肿胀、中段纤丝裸露、中段呈螺旋状、双中段等。

（1）精子头部形态的观察（采用威廉氏染色法）。

第一步，染料的制备。①复红原液的配制。10g 复红溶于 100mL 95% 的酒精中。②复红染色液。复红原液 10mL+100mL 5% 的石炭酸（苯酚）。③饱和伊红酒精溶液。0.25g 的伊红溶于 100mL 95% 的酒精中。④美蓝溶液。0.6g 美蓝+30mL 95% 的酒精。⑤美蓝染色液。30mL 美蓝溶液+100mL 0.01%KOH 过滤后再加入 3 倍量的蒸馏水混合后即可使用。

第二步，染色。①先制作精液抹片，要求薄而均匀。然后风干或用酒精灯火焰固定。②浸入无水酒精中固定 2~3min，取出风干。③浸入 0.55% 氯胺 T 中 1~2min。④用清水洗 1~2min。⑤迅速通过 96% 的酒精，风干。⑥放入石炭酸复红染色液中 10~15min，然后清水中蘸 2 次。⑦迅速通过美兰染色液。⑧水洗后风干。

经此方法染色后，精子头部呈淡红色，中段及尾部为暗红色，头部轮廓清晰。可在高倍镜或油镜下观察 200 个精子计算出各类头部畸形精子的比例。

畸形精子百分率=畸形精子数/总精子数×100%

（2）精子尾部形态的观察。第一步，福尔马林缓冲液的制备。将 21.82g $Na_2HPO_4 \cdot 2H_2O$ 和 22.25g KH_2PO_4 分别溶于 500mL 蒸馏水中，然后取 200mL Na_2HPO_4 加 80mL KH_2PO_4 配成缓冲液。再取该缓冲液 100mL 加入 62.5mL 40%（V/V）福尔马林溶液，最后加蒸馏水至 500mL。

第二步，观察。①1mL。玻璃管中装入一些福尔马林缓冲液，置于 37℃ 恒温箱中备用。②根据原精液的浓度，向装有福尔马林缓冲液的小玻璃管中滴 2~5 滴精液并混匀。③取一滴上述混合液置于载玻片上，加盖玻片静止数分钟后在 400 倍的相差显微镜下观察精子尾部形态。随机观察 200 个精子计算各种尾部畸形精子所占的比例。

畸形精子百分率=畸形精子数/总精子数×100%

5. 公猪精液稀释液的配制

（1）用量筒量取双蒸水 100mL，加入烧杯中，用磁力搅拌器或玻璃棒搅拌使其溶解。

（2）用一层定性滤纸过滤溶液至三角瓶中。

（3）在三角瓶上加牛皮纸盖并用橡皮筋固定，放在盖有石棉网的电炉上加热至沸腾，迅速将其取下，放凉，制成基础液。基础液如果不马上使用可放入 2~5℃ 冰箱中备用，保存时间不宜超过 12h。

（4）新鲜鸡蛋用 75% 的酒精棉球消毒外壳，待其完全挥发后，将鸡蛋磕开，分离蛋清、蛋黄和系带，将蛋黄盛于鸡蛋壳小头的半个蛋壳内，并小心地将蛋黄倒在用 4 层对折（8 层）的消毒纸巾上。小心地使蛋黄在纸巾上滚动，使其表面的稀蛋清被纸巾吸附。先用针头小心将卵黄膜挑一个小口，再用去掉针头的 10mL 的一次性注射器，从小口慢慢吸取卵黄，尽量避免将气泡吸入，同时应避免吸入卵黄膜。吸取 10mL 后，再用同样的方法吸取另一个鸡蛋的卵黄。也可将卵黄移至纸巾的边缘，用针头挑一个小口，将卵黄液缓缓倒入量筒中，注意避免将卵黄膜倒入量筒中。

（5）卵黄液与基础液的混合。取 80mL 放凉的基础液，加入三角瓶中，然后将卵黄液注入或将卵黄液从量筒倒入三角瓶中，用量取的 80mL 基础液反复冲洗量筒中的卵黄，使其全部溶解入基础液中，然后将全部的基础液倒入三角瓶中摇匀。

（6）加入抗生素。分别用 1mL 注射器吸取基础液 1mL，分别注入 80 万 U 和 100 万 U 的青霉素和链霉素瓶中，使其彻底溶解。分别从青霉素瓶中吸取 0.1~0.12mL 和从链霉素瓶中吸取 0.1mL，将其注入三角瓶中并摇匀。还可称取 0.1g 的青霉素和 0.1g 的链霉素加入三角瓶中摇匀。用基础液、卵黄液和抗生素混合制成稀释液。

6. 公猪精液的稀释

(1) 稀释液数量计算。每剂量为 100mL，含精子量 50 亿个。操作中，对于活力分级为"密"的精液。

稀释液数量 =（精液量×2.3）×100/50-精液量。

(2) 等温稀释。在对精液进行稀释的过程中，要求精液与稀释液温度相等。稀释前先测量精液温度，并置于等温水浴锅中；稀释液也放在同一水浴锅内，待温度与精液温度完全一致后才能进行稀释操作。

(3) 精液稀释操作。在精液、稀释液温度达到一致后，应将稀释液通过玻璃棒缓缓加入精液中，使二者混合，并轻轻搅匀。

(4) 检查与分装。在分装前必须检查精液质量，在确定稀释过程中没有造成对精子的伤害后，将混合好的精液分装于 100mL 的精液瓶中，密封加盖，备用。

7. 公猪精液的保存

目前猪精液大都采用常温液态保存，最佳保存温度为 16~18℃，为维持这一温度，夏天应将精液保存于常温冰箱中，冬天则应保存于恒温箱中。虽然，常温保存可保存 7 天，但在实践中，保存不应超过 3d。在存放阶段，精子多沉淀在容器的底部，因此，一般每天要将容器倒置 1~2 次，以保证精子平均地分布在稀释液中。

常温保存的原理是利用酸抑制精子的代谢运动，而不是经过温度达到这一目标。因为在中性和弱酸性的环境中，精子代谢正常，当降落到一定的酸度后，精子的运动受到抑制，在一定 pH 值范围内，这种抑制是可逆的，当 pH 值恢复到 7 左右时，精子能够复苏，如 pH 值持续降低，超过此范围，则出现不可逆抑制。研究结果表明，不同的酸类对精子发生抑制的 pH 区是不相同的。一般认为，有机酸较无机酸为好，有一定的可逆抑制区，而且可逆性抑制区较宽。

(二) 典型突破，传授技法

针对综合技能实训中高难度的技能和技巧，给予学生充分的时间反复操作，使学生在"做中学""学中做"，一个一个进行突破。

在猪的繁殖综合技能实训项目中，需要重点突破的技能有以下几个方面。

1. 猪场繁殖计划的制订

(1) 母猪配种计划的制订。按母猪发情规律制订计划，本地母猪一般发情非常明显，随时可以鉴定出来。国外猪种应配备试情公猪。后备母猪的初配年龄应在体成熟后进行。母猪配种次数一般是一个情期内配 2~3 次，实施早上发情下午配 1 次，第 2 天早晨再配 1 次。

(2) 公猪配种计划的制订。配种开始前 15d 给予优饲，配种之前检查精液品质、配种次数，每天早、晚各 1 次，连续配 3~4d 休息 1d，幼龄公猪要控制初次配种时间和次数，隔天 1 次或每 3 天配 1 次。

(3) 实施配种计划。①血缘选配。有很近的血缘关系时，除了为固定某些遗传性状而必须采取外，一般不进行选配。②体质外形选配。公猪与母猪都是结实的可以相配，结实的同较细致的或者较粗糙的可以相配。细致与细致之间、较粗糙与较粗糙之间一般不宜相配。③生理特征选配。将公、母猪之间生产性能配合力较高的进行相配，可提高母猪的繁殖力、泌乳力、后代的早熟性和适应性等。④年龄选配。壮年公、母猪所生仔猪比年轻的或年老的公、母猪所生仔猪生命力强,老龄公、母猪相配产仔最少,幼龄公、母猪相配产仔较多,壮龄公、母猪相配产仔最多,生活力最强。

2. 采取公猪的精液

(1) 采精前的准备。①采精室应宽敞、平坦、安静、清洁,室内设有假台畜并有防滑护蹄措施。②采精时用发情母猪作台畜,效果最好。应选择健康、体壮、大小适中、性情温顺或已习惯作台畜的母猪,做采精用的台畜。采精前,母畜的后躯,特别是尾根部、外阴部、肛门部应彻底洗涤清洁,再用干净的抹布擦干。③假台畜用木料或钢板做成,一般长130cm,高50cm,背宽25cm。如做成两端式,加上高低自动调节的装置,使用起来就更方便了。④将保温杯的保温套及消毒过的集精杯、玻璃棒、温度计、纱布(2~4层)、乳胶管等旋转于40℃的恒温箱中预热(夏天可以例外)。⑤显微镜要先调好焦距,镜检箱温度保持在35~37℃,载玻片与盖玻片应放在镜检箱内预热,镜检箱旁边应放置擦镜纸备用。⑥准备好pH值5.5~9的试纸2~3张放在比色板上备用。⑦把消毒好的稀释液放进水浴锅或恒温箱中预热,稀释液的pH值以6.5~6.8为宜。⑧将有效的青霉素、链霉素金属瓶盖及瓶口周围的封蜡除尽备用。⑨把分装精液的瓶子和瓶塞洗净消毒好,在采精前放在恒温箱中预热。⑩采精员、检验员进行自身消毒,戴上乳胶手套。

(2) 采精方法。第一步,用具的准备与消毒。①准备高压蒸汽灭菌器、超声波洗净器、双蒸水器、冰箱、精液保存箱、恒温培养箱、干燥箱、集精瓶、各种玻璃器皿、洗洁精、洗衣粉、电子天平、常用消毒药等。②所有器皿应以洗洁精或洗衣粉清洗干净,再以蒸馏水漂洗,60℃干燥(玻璃用品干燥温度可高于100℃)后,以锡纸包扎器皿开口,玻璃器皿180℃ 1h进行干热灭菌,非耐干热性器皿、用具以高压灭菌器121℃ 20min湿热灭菌;显微镜、干燥箱、水浴锅、17℃精液保存箱、冰箱、37℃恒温板、电子天平等,必须保持清洁卫生,显微镜镜头(目镜和物镜)应每两周用二甲苯浸泡一次,保持清洁。

第二步,采精。①采精员一手带双层乳胶手套,另一手持37℃集精杯用于收集精液。②饲养员将待采精的公猪赶至采精栏,用0.1%高锰酸钾溶液清洗其腹部和包皮,再用温水(夏天用自来水)清洗干净,避免药物残留对精子的伤害。③采精员挤出公猪包皮积尿,按摩公猪包皮部,刺激其爬跨假台畜。④猪爬跨假台畜并逐步伸出阴茎,采精员脱去外层手套,将公猪阴茎龟头导入空拳。⑤用手抓住阴茎,拳握漏斗状(大拇指与龟头方向相反),小指与无名指紧握伸出的公猪阴茎龟头螺旋状部,其余三指握住上部,可稍松一点,龟头应在拳心外0.5~1cm,顺其向前冲力将阴茎"S"状弯曲拉直,握紧阴茎龟头防止旋转,公猪即可射精。采精员以蹲立的姿势便于采精为宜,一般右手采精右脚在前,左手采精左脚在前,与公猪体向后呈30°角。⑥用三层纱布过滤收集浓精液与集精杯内,最初射出的少量精液含精子很少,可以弃掉,有些公猪分2~3个阶段将浓精液射出,直到公猪射精完毕,以公猪阴茎自动缩回为采精结束标志,射精过程历时5~7min。采精结束后,立即去掉过滤纱布及胶状物,送检验室。

采精的注意事项:①采精员应注意安全。一旦公猪出现攻击行为,采精员要立即逃至安全处。②下班之前彻底清洗采精栏。③采精期间不准殴打公猪，防止出现性抑制。④采精频率成年公猪每周2次，青年公猪（1岁左右）每周1次。最好固定公猪的采精频率。

（3）公猪采精调教。①对后备公猪在7月龄开始采精调教。②每次调教时间不超过15min。③一旦采精成功，分别在第2天、第3天再采精一次，进行巩固掌握该技术。④采精调教可采用发情母猪诱导、观摩有经验的公猪采精、以发情母猪分泌物刺激等方法。⑤调教公猪要有耐心，不准殴打公猪。⑥注意公猪和调教人员的安全。

3. 母猪的输精

（1）输精前的准备。①输精器械的清洗消毒。金属开张器，先以火焰消毒，再以75%的酒精棉球消毒；塑料或有机玻璃的器械可直接用75%的酒精消毒；输精器用蒸煮消毒或75%的酒精消毒，再以生理盐水冲洗2~3次。②发情鉴定。做好母猪的发情鉴定，检查有无生殖器官疾病。③检查精液品质。鲜精活率必须在0.6~0.7。

（2）输精操作。发情母猪输精可在圈内自由站立，用橡胶输精管轻轻从阴门插入阴道，左右螺旋前后移动直至子宫颈深部，这时将装有精液的注射器接上橡胶输精管，将精液徐徐注入子宫内，母猪输精量一般为25~40mL，轻轻抽出输精管，用力压一压母猪背部，以减少精液倒流。

（3）适时输精。为了确保受胎率和母猪的产仔数，适时输精是一个重要环节。生产上通常根据母猪发情状况确定配种时间，本地母猪发情明显，如果是上午发现发情，可以下午输精，第2天上午再输精一次，如果是下午发现发情，则可在第2天早上输精一次，下午再输精一次，这样可以确保输精效果。对于外来品种母猪或者瘦肉型品种母猪，可用试情法判断母猪是否发情，在母猪接受公猪爬跨后，如果上午发情，下午就可以进行首次输精，第2天早上再输精一次，如果是下午发情，则在第2天早上首次输精，第2天下午再重复输精一次。

4. 母猪的发情鉴定

猪的发情鉴定可根据猪场的条件不同，而选用不同的方法。

（1）外部观察及压背试验查情法。对没有种公猪的小型猪场主要是通过外部观察及压背试验法来查情。①精神状态与行为。母猪在发情前会出现食欲减退甚至废绝，鸣叫，外阴部肿胀，精神兴奋。进入前情期后期及发情期的母猪会出现爬跨同圈的其他母猪的行为。发情初期的母猪有爬圈行为，同时对周围环境的变化及声音十分敏感，一有动静马上抬头，竖耳静听。或向声音的方向张望。在圈内来回走动或常站在圈门口。但这些行为只能代表母猪可能进入发情期，真正确定母猪进入发情期标志仍然是压背时发生静立反射。②外阴部变化。非发情期母猪，阴户不肿胀，阴唇紧闭，中缝像一条直线。进入发情期前1~2d或更早，母猪阴门开始微红，以后肿胀增强，外阴呈鲜红色，有时会排出一些黏液。若阴唇松弛、闭合不全、中缝弯曲、甚至外翻，阴唇颜色由鲜红色变为深红或暗红，黏液量变少，且黏稠，阴道黏膜略呈暗红色且能在食指与大拇指间拉成细丝，即可判断为母猪已进入发情盛期。③压背试验及敏感部位刺激。通常未发情或处在前情期前期和后情期的母猪会躲避人的接近。如果母猪不躲避人的接近，甚至主动接近人，如用手按压母猪后背或骑背，表现静立不动并用力支撑，或有向后坐的姿势，同时伴有竖耳、弓背、颤抖等动作，说明母猪已经进入发情期，这一系列反应称为静立反应。这时一般母猪会允许人接触其外阴部，用手触摸其阴部，发情母猪会表现肌肉紧张、阴门收缩。触摸侧腹部母猪会表现紧张和颤抖。

应该提醒的是，人工查情法往往不能及时发现刚进入发情期的母猪，因为在没有公猪气味、声音、视觉刺激的情况下，仅凭压背试验，母猪出现静立反射的时间要晚得多。如果每天进行一次查情，当发现发情母猪时，可能已经错过了第一次配种或输精的最佳时间。所以当母猪进入前情期时，就应用一种颜色标记，以便及时进一步观察和压背试验。在配种时机掌握上，应考虑发现发情母猪的滞后性。

母猪外部观察、压背试验及敏感部位刺激法查情可证实母猪确实进入发情期的特征是阴部黏液能在食指与大拇指间拉成细丝，压背时出现静立反应。

（2）试情公猪查情法。这是最有效的发情鉴定方法，因为是否发情是以母猪是否接受公猪爬跨为准的。①试情公猪的选择。试情公猪应具备以下条件：最好是年龄较大、行动稳重、气味重；口腔泡沫丰富，善于利用叫声吸引发情母猪，容易靠气味引起发情母猪反应；性情温和，有忍让性，任何情况下不会攻击配种员；听从指挥，能够配合配种员按次序逐栏进行检查，既能发现发情母猪，又不会不愿离开这头发情母猪，而无法继续试情。②用试情公猪查情的方法。如果每天进行一次试情，应安排在清早，清早试情能及时地发现发情母猪。如果人力许可，可分早晚两次试情。我国大多数猪场采用早晚两次试情。试情时，让公猪与母猪头对头试情，以使母猪能嗅到公猪的气味，并能看到公猪。因为前情期的母猪也可能会接近公猪，所以在试情中，应由另一查情员对主动接近公猪的母猪进行压背试验。如果在压背时出现静立反射则认为母猪已经进入发情期，应对这头母猪作发情开始时间登记和对母猪进行标记。如果母猪在压背时不安稳则为尚未进入发情期或已过了发情期。国外一些猪场采用在试情公猪前进行骑背试验，对检查发情相对更合理。③为了有效地进行试情公猪的查情，如果有条件，建议每8～10个限位栏（每侧各4～5个栏），在走道这几个栏的两侧安一个栅门，以便将公猪隔在这几个栏内，也可由两个人分别用赶猪板将公猪隔在这个区域内，让其在这个小区域内寻找发情母猪。群养的空怀母猪，可以将公猪隔走道两侧的两个栏间，试情完后，再试情另两个栏。

采用试情公猪查情是养猪场最佳的查情方法。确定母猪是否发情的特征性表现是母猪在试情公猪前出现静立反射。但结合母猪外阴部肿胀及松弛状况、黏液量及黏稠度、阴道黏膜充血状态，对母猪发情阶段判断会更准确。

5. 母猪的妊娠诊断

（1）早期妊娠诊断。在一切正常情况下，母猪配种后20多天不再出现发情，即认为已基本配准；等到第二个发情期仍不发情，就可认为已经妊娠。个别母猪妊娠后，有时会表现发情征兆，此种发情称为假发情。一般在早期通过以下方法诊断母猪是否妊娠：①看行动。凡配种后表现安静，贪睡，吃得很香，食量增加，容易上膘，皮毛日益光亮并紧贴身躯，性情变得温顺，行动稳重，阴户收缩，阴户下联合向上方弯曲，腹部逐步膨大，即为妊娠的象征。②验尿液。早晨采母猪尿10mL，放试管内。猪尿的比重在 1.010~1.025，如果尿液过浓，应加水稀释。一般母猪的尿呈碱性，应加点醋酸，使它变成酸性，然后滴入碘酒，在酒精灯上慢慢加热。当尿液快烧开时，就出现颜色的变化；如果是妊娠母猪，尿液由上而下出现红色，由玫瑰红变为杨梅红，放在太阳光下看更明显；如果未妊娠，尿液呈淡黄色或褐绿色，尿液冷却后，颜色很快就消失。

早期诊断还可采取以下方法：①观察母猪外形的变化，如毛色有光泽、眼睛有神、发亮，阴户下联合的裂缝向上收缩形成一条线，则表示受孕。②经产母猪配种后 3~4d，用手轻捏母猪最后第二对乳头，发现有一根较硬的乳管，即表示已受孕。③指压法，用拇指与食指用力压捏母猪第 9 胸椎到第 12 胸椎背中线处，如背中部指压处母猪表现凹陷反应，即表示未受孕；如指压时表现不凹陷反应，甚至稍凸起或不动，则为妊娠。

（2）中期妊娠诊断。母猪配种后 18~24 天不再发情，食欲剧增，槽内不剩料，腹部逐渐增大，表示已受孕。用妊娠测定仪测定配种后 25~30d 的母猪，准确率高达 98%~100%。母猪配种后 30d 乳头发黑，乳头的附着部位呈黑紫色晕则表示已受孕。从后侧观察母猪乳头的排列状态时乳头向外开放，乳腺隆起，可作为妊娠的辅助鉴定。

（3）后期妊娠诊断。妊娠 70d 后能触摸到胎动，80d 后母猪侧卧时即可看到触打母猪腹壁的胎动，腹围显著增大，乳头变粗，乳房隆起则为母猪已受胎。

6. 猪的分娩、接产与初生仔猪的护理

（1）猪分娩的准备工作。分娩与接产工作是猪场的重要生产环节，除应做好产前预告，使分娩母猪提前一周进产房，还应在产前做好以下工作。①事先做好产房或猪栏的防寒保暖或防暑降温工作，修缮好仔猪的补料栏或暖窝，备足垫料（草）。②备好有关物品和用具，如照明灯、护仔箱、称猪篮、耳号钳、记录本、毛巾、消毒药品（碘酒、高锰酸钾）。③产前 3~5d 做好产房或猪栏、猪体的清洁、消毒工作。④临产前 5~7d，调整母猪日粮。母猪过肥要逐步减料 10%~30%，停喂多汁料。防乳汁过多或过浓引起乳房炎或仔猪下痢。母猪过瘦或膨胀不足，则应适当富加蛋白质饲料催奶。

（2）观察母猪临产征兆。①母猪临产前腹部大而下垂，阴户红肿、松弛，成年母猪尾根两侧下陷。②乳房膨大下垂，红肿发亮，产前 2~3d，乳头变硬外张，用手可挤出乳汁。待临产 4~6h 前乳汁可成股挤出。③衔草作窝，行动不安，时起时卧，尿频，排粪量少、次数多且分散（拉小尿）。一般在 6~12h 可分娩。④阵缩待产，即母猪由闹圈到安静躺卧，并开始有努责现象，从阴户流出黏性羊水时（即破水），1h 内可分娩。

（3）人工接产。①当母猪出现阵缩待产征兆时，接产人员应将接产用具、药品备齐，在旁安静守候。母猪腹部肌肉间歇性的强烈收缩（阵缩像颤抖），阴户阵阵涌出胎水。当母猪屏气、腹部上抬、尾部高举、尾帚扫动，胎儿即可娩出。产式有头位、臀位属正常。②仔猪产出后，接生员应立即用左手抓住仔猪躯干。右手掏出口鼻黏液，并用清洁抹布或垫草，擦净全身黏液。③用左手抓住脐带，右手把脐带内的血向仔猪腹部挤压几次，然后左手抓住仔猪躯干。用中指和无名指夹住脐带，右手在离腹部 4cm 处把脐带捏断，断处用碘酒消毒，若断脐流血不止，可用手指捏住断头片刻。④仔猪正常分娩间歇时间为 15min 一头，也有两头连产的。分娩持续时间 1~4h，一般胎衣开始流出（全部仔猪产出后 10~30min）说明仔猪已产完。1~4h 可排尽。但有时产出几头小猪后，即下部分胎衣，再产仔几头，再下胎衣，甚至随着胎衣娩出产仔。胎衣包着的仔猪易窒息而死，应立即撕开胎衣抢救。⑤以上工作做完后，应打扫产房，擦干母猪后躯污物，再一次给母猪乳房消毒后，换上新垫草，安抚母猪卧下。清点胎衣数与仔猪数是否相符，产程即告结束。⑥难产处理与仔猪假死急救。母猪一般难产较少，有时因母猪衰弱，阵缩无力或个别仔猪胎衣异常，堵住产道，导致难产，应及早人工助产。先注射人工合成催产素，注射后 20~30min 可产出仔猪。如仍无效，可采用手术掏出。术前应剪磨指甲，用肥皂、来苏儿洗净，消毒手臂，涂润滑剂。术后并拢成圆锥状沿着母猪努责间歇时慢慢伸入产道，摸到仔猪后，可抓住不放，随着母猪慢慢努责将仔猪拉出，掏出一头后，如转为正常分娩，不再继续掏，术后，母猪应注射抗生素或其他抗炎症药物。

虽停止呼吸而心跳仍在的仔猪称假死仔猪，对假死仔猪应进行急救，有三种方法。方法一，实行人工呼吸。仔猪仰卧，一手托着肩部，另一手托着臀部，做一曲一伸的运动，直到仔猪叫出声为止。或先吸出仔猪喉部羊水，再往鼻孔吹气，促使仔猪呼吸。方法二，提起仔猪后腿，用手轻轻拍打仔猪臀部。方法三，用酒精涂在仔猪的鼻部，刺激仔猪恢复呼吸。

（4）初生仔猪护理。①早吃初乳。对性情较好或已进入生产过程的母猪可以随产随给仔猪哺乳。采用护仔箱接产仔猪，吃初乳最晚不得超过生后 1~2h。吃初乳前应用手挤压各乳头，弃去最初挤出的乳汁。检查乳量及浓度，和各乳头的乳空数目以便确定有效乳头数和适当的带仔数，并用 0.1% 高锰酸钾水清洗乳房，然后给仔猪吮吸。对弱仔可用人工辅助吃 1~2 次的初乳。②匀窝寄养。对多产或无仔猪采取匀窝寄养应做到以下几点：乳母要选择性情温顺、泌乳量多、母性好的母猪；养仔应吃足半天以上初乳，以增强抗病力；两头母猪分娩日期相近（2~3d 内），两窝仔猪体重大小相似；隔离母仔使生仔与养仔气味混淆；使乳母胀奶，养仔饥饿，促使母仔亲和；避免病猪寄养，殃及全窝。③剪齿。仔猪出生时已有末端尖锐的上下第三门齿与犬齿 3 枚。在仔猪相互争抢固定乳头过程会伤及面颊及母猪乳头，使母猪不让仔猪吸乳。剪齿可与称重、打耳号同时进行。方法是左手抓住仔猪头部后方，以拇指及食指捏住口角将口腔打开，用剪齿钳从根部剪平即可。④保育间培育训练。为保温、防压，可于仔猪补饲栏一角设保育间，留有仔猪出入孔，内铺软干草。用 150~250W 红外灯，吊在距仔猪躺卧处40~50cm 处，可保持猪床温度 30℃ 左右。仔猪出生后即放入取暖、休息，之后放出哺乳，经 2~3d 训练，即可养成自由出入的习惯。⑤母猪初产护理。为保温与防便秘，产后母猪第一次可喂给加盐小麦麸汤。分娩后 2~3d 喂料不能过多，应喂一些易消化的稀粥状饲料，经 5~7d 才按哺乳母猪标准喂给，并随时注意母猪的呼吸、体温、排泄和乳房的状况。

（三）整合技能，强化训练

针对教学目标，将各个分解的技能动作贯穿起来，完整地进行强化训练。注意体会成套技能的内在联系、动作的流畅性。

猪场繁殖综合技能主要包括猪场繁殖计划的制订、猪的人工授精技术、母猪的发情鉴定、妊娠诊断技术、分娩助产技术以及新生仔猪的护理等。

在猪场繁殖计划的制订过程中，要考虑到母猪的发情鉴定，尤其是对外来品种猪要配备试情公猪，在制订公猪繁殖计划时要考虑到公猪的短期优饲和公猪的配种频率，在具体实施过程中，要考虑到血缘、外形、体质和年龄因素，按照选配原则进行配种。

猪的人工授精技术包括采精、精液的品质检查、精液的处理和输精等环节。采精常用拳握法，可以用发情母猪作为台畜采精，最好是训练公猪利用假台畜进行采精，这样可以避免公母猪间的直接接触，防止疾病传播，同时也能保证人畜安全等。

精液品质检查主要包括精子活力检查、精子密度检查和畸形精子率检查等，对输精用的精液要求精子活率在 0.7 以上，畸形精子率在 20% 以下，按 100mL 剂量，要求有效精子数在 50 亿个以上。

精液的处理主要包括精液的稀释与精液的保存技术，精液的稀释过程中要根据原精液的有效精子密度计算出相应的稀释倍数，在等温的条件下将稀释液沿玻璃杯壁缓缓加入原精液中，切忌将稀释液倒入稀释液中稀释。公猪的精液保存一般采用常温保存的方法，保存时间以 1~3d 为宜。

在对母猪进行输精前，要做好母猪的发情鉴定工作，对发情明显的本地母猪可以采用外部观察法进行鉴定，而对发情不明显的外来品种母猪及瘦肉型品种母猪，宜用试情法进行鉴定。对发情母猪的输精宜采用重复配种的方法，一般在上午发情的母猪，下午配种一次，第二天早上重复配种一次，而对下午发情的母猪，应在第二天早上配种一次，下午再复配一次即可。

母猪配种后要密切注意母猪的生理变化，在母猪下一个情期到来时母猪不再表现发情，且表现嗜睡、食欲加强、被毛光亮和膘情改善等现象，可以初步判定母猪已经妊娠，在妊娠后期可以触摸到或者看到胎动，随着妊娠时间的延长，妊娠诊断的结果更加准确。

在母猪预产期到来时，要密切观察母猪的表现，及时做好接产前的准备工作，母猪分娩一般不会发生难产，但有时因母猪衰弱，阵缩无力或个别仔猪胎衣异常，堵住产道，导致难产，这种情况下应及早人工助产。在分娩过程中，如果出现假死仔猪，应及时求助。

新生仔猪应早吃初乳，对产仔过多或产后无乳的可以进行匀窝寄养，及时剪去仔猪乳齿，做好保温、防压以及早期补饲等工作，争取全活全壮。

（四）综合考核，全面总结

实训结束时必须对学生进行综合考核，综合考核应以实操考核为主，结合笔试或现场口试。无论采用何种考核方式，都应准备考卷与评分方法，并按理论教学考试同样的要求进行。实训成绩由实训报告、总结、作品等成果，实训中表现和综合考核三种成绩组成，指导教师综合这三方面成绩，按优、良、中、及格、不及格五个等级评定。

无实训笔记、报告等的学生不予评定成绩。无故不参加实训者，以旷课论处。参加实训时间不足 2/3 者，即为实训不及格，以零分计。

教学标准规定参加技能鉴定的综合技能实训，以技能鉴定结果为其成绩。综合技能实训成绩单列入成绩册。

实训结束后，指导教师应于一周内提交成绩、教案、实训记录及实训总结。教务处等部门应对各次实训进行教学检查或随机抽查并做好记录，发现问题及时处理解决。

五、职业综合技能教学评价

(一) 职业综合技能教学评价的目的和意义

1. 实训教学评价的目的

实训教学评价的目的是促进学生实践能力、创新能力及综合素质的提升，通过评价提供实践信息、做出改进决策、促进发展。具体来说，包括以下五个方面。

(1) 提供反馈信息，促进学生学习。评价应该为每一个学生提供反馈信息，帮助学生了解自己在实践过程中的动手能力、解决问题的能力、合作能力、自控能力等方面的进步，而不仅仅满足于掌握一些基本的实践操作技能。因此，通过评价提供的反馈信息应该加强对学生综合素质提高方面的指导和促进作用，帮助学生发现解决问题的策略、思维及习惯上的不足。反馈信息应注意及时、公正、透明且形成制度，使学生每经过一次实践性环节，都有收获和提高，这也是实践教学评价的最终目的。

(2) 改善教师的教学。运用"反馈原理"，通过评价及时获得教学过程、教学结果的信息，及时强化正确的、有利于教学目标实现的教学行为，及时调节和矫正不良的、不利于教学目标实现的教学行为，从而控制教学活动和教学工作的过程，促使其不断地完善和优化。教学评价对改善教师的教学功能能否发挥作用，取决于教学评价结果、过程、条件是否并重；评价结果是否客观、公正、及时并具有激励性。只有重视对教学过程的评价分析，才能科学地解释结果、总结经验、找出问题，从而通过教学评价，使教师的教学改善得到最大限度的体现。

(3) 衡量学生实践成就和进步程度。学生实训成绩的确定，强调在某个群体内部学生与学生之间比较学习的差异，有利于每个学生找出自己学习中存在的不足，在下一阶段中确定学习的目标。学生学习进步程度的衡量，强调学生自己和自己比，一方面，增强学生的学习兴趣；另一方面，有利于教师适应个别差异，因材施教。

(4) 改善学生对实践的态度、情感和价值观。在实训教学评价中，对任何被评价对象所做的价值判断，都是根据一定的评价目标、评价标准进行的。因此，有什么样的评价内容，被评价者就会注重做相应方面的工作；有什么样的评价标准，被评价对象就会向什么方向努力。学生在校学习往往具有一定的盲目性，必须在一定的"指挥棒"下进行学习、按目标努力。

在评价过程中，不仅要评价学生实践能力等方面的发展，还要关注学生的情感与态度，要评价学生是否主动参与教学、对学习是否有兴趣、遇到困难及突发事件时能否积极应对等。因此，恰如其分地评价能使学生的实践态度，对课程亲疏程度及价值观取向发生改变。

(5) 修改影响绩效的各要素。实训教学评价是教学主体对客体的反映，因此，教学评价是一种认识，具有客观性和主体性两种基本属性。客观性是指评价以认识为前提和基础，是在客观描述客体的基础上进行的一种价值判断，并且这种价值判断的主体需要也是客观的。主体性是指它与一般的认识不同，一般的认识最终目的是揭示客体的本来面目、本身发展的必然联系，它尽可能地排除主体对客体的干扰，即使主体自身为客体也是如此，是主观接近客观及其尺度的客体性认识的过程和结果。评价则不然，它是主体性认识的过程和结果。教学评价作为一种价值判断，包含着主体的需要。虽然教学评估的对象是教学客体，但它张扬着教学主体本身的需要和尺度，其目的在于掌握和评定教学客体对主体的意义和需要，为教学管理服务，因此教学评价和一般认识相比有着更强的主体性。这就决定了教学评价必须遵循认识的一般规律："实践—认识—再实践—再认识"不断循环，对评价的各要素进行不断改进和完善。

2. 实训教学评价的意义

为达到实训教学的培养目标，体现实践教学的办学特色，实习实训是职业教育中一个极其重要的教学环节，其效果直接影响到职业教学的教学质量。因此，有必要建立一套科学、合理的评测体系，对各个实习实训环节进行有效的监控，这对今后调整、完善实习实训方式、优化实习实训条件，发挥职业学校的职业培训效能，提高教学质量，具有积极的指导意义。

（二）实训教学评价

要客观地评价实训教学质量的高低，仅从效果或学生实训成绩并不能反映学校或某个专业的实习实训教学质量，还应该把各个制约因素作为基准考查点，采取实作评价和动态评价的方式进行评价。因此，通过调查分析，认为学生实习实训质量指标体系的构件因素应由实习实训内容、实训条件、实训师资、实训过程及实训效果几个方面组成。

参考文献

爱课程，2021-03-08.动物繁殖学［EB/OL］.国家精品课程网站.http://www.icourses.cn/coursestatic/course_6156.html.

爱课程，2021-03-08.动物微生物［EB/OL］.国家精品课程网站.http://www.icourses.cn/coursestatic/course_6142.html.

爱课程，2021-03-08.动物营养与饲料加工［EB/OL］.国家精品课程网站.http://www.icourses.cn/coursestatic/course_3597.html.

爱课程，2021-03-08.家禽生产［EB/OL］.国家精品课程网站.http://www.icourses.cn/coursestatic/course_6548.html.

爱课程，2021-03-08.家畜遗传育种［EB/OL］.国家精品课程网站.http://www.hnbemc.com/jcycyz/.

爱课程，2021-03-08.家畜遗传育种［EB/OL］.国家精品课程网站.http://www.icourses.cn/coursestatic/course_6753.html.

爱课程，2021-03-08.牛羊生产［EB/OL］.国家精品课程网站.http://www.icourses.cn/coursestatic/course_2500.html.

爱课程，2021-03-08.猪生产［EB/OL］.国家精品课程网站.http://www.icourses.cn/coursestatic/course_5775.html.

关志伟，2010.现代职业教育汽车类专业教学法［M］.北京：北京师范大学出版社.

胡迎春，2010.职业教育教学法［M］.上海：华东师范大学出版社.

孟庆国，2009. 现代职业教育教学论［M］. 北京：北京师范大学出版社.

孙爽，2009. 现代职业教育机械类专业教学法［M］. 北京：北京师范大学出版社.

吴建华，2012. 畜牧生产关键技术［M］. 北京：高等教育出版社.

吴建华，2012. 畜牧兽医专业教学法［M］. 北京：高等教育出版社.

萧承慎，2009. 教学法三讲［M］. 福州：福建教育出版社.

肖调义，2012. 饲料生产与营销［M］. 北京：高等教育出版社.

肖调义，2012. 现代养殖技术与实训［M］. 北京：高等教育出版社.

肖调义，2012. 养殖专业教学法［M］. 北京：高等教育出版社.

邢晖，2014. 职业教育管理实务参考［M］. 北京：学苑出版社.

徐英俊，2012. 职业教育教学论［M］. 北京：知识产权出版社.

模块四　动物科学专业教学过程中的多媒体技术运用

【学习目标】

了解多媒体技术的发展和现状，学会运用多媒体技术进行信息化教学设计，掌握多媒体技术在教学过程中的综合应用技能。

【学习任务】

➢ 多媒体技术概述

➢ 多媒体教学设计

➢ 多媒体技术综合运用

项目一　多媒体技术的概述

一、多媒体技术的基本概念

人类在信息的交流中要使用各种各样的信息载体，顾名思义，多媒体（Multimedia）就是有多种媒体，将文本、声音、图形、图像、动画和视频等多种媒体成分结合在一起，是指多种信息载体的表现形式和传递方式。

在日常生活中，很容易找到一些多媒体的例子，如报刊杂志、画册、电视、广播、电影等。对这些媒体的本质加以详细分析，就可以发现多媒体信息的几种基本元素，它们是：文字、图形图像、视频影像、动画、声音。这几种元素的组合构成了我们平时所接触的各种信息。广义地说，由这几种基本元素组合而成的传播方式，就是多媒体。

在计算机领域中，媒体有两种含义：一是指用于存储信息的实体，例如磁盘、光盘和磁带等；二是指信息的载体，例如文字、声音、视频、图形、图像和动画等。多媒体计算机技术中的媒体指的是后者，它是应用计算机技术将各种媒体以数字化的方式集成在一起，从而使计算机具有表现、处理和存储各种媒体信息的综合能力和交互能力。

多媒体技术就是利用计算机交互式综合处理多媒体信息——文字、图像、图形、动画、音频、视频等，使它们建立起逻辑联系，集成为一个交互系统并进行加工处理的技术，至少能够同时获取、处理、编辑、存储和展示两种以上不同类型信息媒体，并且具有交互性。现在人们所说的多媒体技术往往与计算机联系起来，这是由于计算机的数字化及交互式处理能力，这就是计算机的多媒体技术和电影、电视的"多媒体"的本质区别。

二、常用媒体元素

多媒体的媒体元素是指多媒体应用中可显示给用户的媒体形式，主要有文本、图形、图像、声音、动画和视频图像等。

（一）文本（Text）

文本是计算机文字处理程序的基础，由字符型数据（包括数字、字母、符号）和汉字组成，它们在计算机中都用二进制编码的形式表示。

计算机中常用的字符编码是 ASCII 码（American standard code for information interchange，美国标准信息交换码），它用 1 个字节的低 7 位（最高位为 0）表示 128 个不同的字符，包括大小写各 26 个英文字母，0~9 共 10 个数字，33 个通用运算符和标点符号，以及 33 个控制代码。

汉字相对西文字符而言其数量比较大，我国《信息交换使用汉字编码集》即国标码规定：一个汉字用两个字节表示，由于字节只用低 7 位，最高位为 0，因而为了与标准的 ASCII 码兼容，必须避免每个字节的 7 位中的个别编码与计算机的控制字符冲突。

由于国标码每个字节的最高位都是"0"，与国际通用的 ASCII 码无法区分，因此，在计算机内部汉字全用机内码表示。机内码就是将国标码的两个字节的最高位设定为"1"。

在文本文件中，如果只有文本信息，没有其他任何格式信息，则称该文本文件为非格式文本或纯文本文件。

（二）图形（Graphic）

在计算机科学中，图形一般指用计算机绘制（Draw）的直线、圆、圆弧、矩形、任意曲线和图表等。图形的格式往往是一组描述点、线、面等几何图形的大小、形状及其位置、维数的指令的集合。例如，line（$x1$, $y1$, $x2$, $y2$）表示点（$x1$, $y1$）到点（$x2$, $y2$）的一条直线；circle（x, y, r）表示圆心为（x, y），半径为 r 的一个圆。在图形文件中，只记录生成图的算法和图上的某些特征点的图形称为矢量图形。

通过软件可以将矢量图形转换为屏幕上所显示的形状和颜色，这些生成图形的软件通常称为绘图程序。图形中的曲线是由短的直线逼近的（插补），封闭曲线还可以填充着色。通过图形处理软件，可以方便地将图形放大、缩小、移动和旋转等。图形主要用于表示线框型的图画、工程制图、美术字体等。绝大多数计算机辅助设计软件（CAD）和三维造型软件都使用矢量图形作为基本图形存储格式。

微机上常用的矢量图形文件有 .3DS（3D 造型）、.DXF（CAD）、.WMF（桌面出版）等。图形技术的关键是制作和再现，图形只保存算法和特征点，占用的存储空间比较小，打印输出和放大时图形的质量较高。

（三）图像（Image）

图像是指由输入设备录入的自然景观，或以数字化形式存储的任意画面。静止图像是一个矩阵点阵图，矩阵的每个点称为像素点，每个像素点的值可以量化为 4 位（15个等级）或 8 位（255 个等级），表示该点的亮度，这些等级称为灰度。若是彩色图像，R（红）、G（绿）、B（蓝）三基色每色量化 8 位，则称彩色深度为 24 位，可以组合成

224 种色彩等级（即所谓的真彩色）；若只是黑白图像，每个像素点只用 1 位表示，则称为二值图。上述矩阵点阵图称为位图。

图像文件在计算机中的表示格式有多种，如 BMP、PCX、TIF、TGA、GIF、JPG 等，一般数据量比较大，对于图像，主要考虑分辨率（屏幕分辨率、图像分辨率和像素分辨率）、图像灰度以及图像文件的大小等因素。

随着计算机技术的进步，图形和图像之间的界限已越来越小，这主要是由于计算机处理能力的提高。无论是图形或图像，由输入设备扫描进计算机时，都可以看作一个矩阵点阵图，但经过计算机自动识别或跟踪后，点阵图又可转变为矢量图。因此，图形和图像的自动识别，都是借助图形生成技术来完成的，而一些有真实感的可视化图形，又可采用图像信息的描述方法来识别。图形和图像的结合，更适合媒体表现的需要。

（四）视频（Video）

若干有联系的图像数据按一定的频率连续播放，便形成了动态的视频图像。视频图像信号的录入、传输和播放等许多方面继承于电视技术。视频信号是动态的图像，具有代表性的有 .AVI 格式的电影文件和 .MPG 压缩格式的视频文件。

国际上，电视主要有 3 种体制，即正交平衡调幅制（NTSC）、逐行倒相制（PAL）和顺序传送彩色与存储制（SECAM），当计算机对视频信号进行数字化时，就必须要在规定的时间内（如 1/25s 或 1/30s）完成量化、压缩和存储等多项工作。视频文件的格式有 .AVI、.MPG、.MOV 等。

动态视频对于颜色空间的表示可以有 R、G、B（红、绿、蓝）三维彩色空间，Y、U、V（Y 为亮度，U、V 为色差），H、S、I（色调、饱和度、强度）等多种，可以通过坐标变换相互转换。

对于动态视频的操作和处理除在播放过程中的动作和动画外，还可以增加特技效果，以增强表现力。动态视频的主要参数有帧速、数据量和图像质量等。

（五）音频（Audio）

数字音频可分为波形音频、语音和音乐。波形音频实际上已经包括了所有的声音形式，通过对音频信号的采样、量化可将其转变为数字信号，经过处理，又可恢复为时域的连续信号。语音信号也是一种波形信号。波形信号的文件格式是 .WAV 或 .VOC 文件。音乐是符号化了的声音，乐谱可转化为符号媒体形式，对应的文件格式是 .MID 或 .CMF 文件。

对音频信号的处理，主要是编辑声音和声音的不同存储格式之间的转换。多媒体音频技术主要包括音频信号的采集、量化、压缩/解压以及声音的播放。

影响数字音频信号质量的因素主要有 3 个。

1. 采样频率

采样频率 fs 应该符合采样定理的要求，即 $fs \geq 2fm$，其中 fm 为音频信号的最高频率成分。

2. 量化精度

量化精度即每次采样的信息量，也就是 A/D（模/数）转换的位数。位数越多，音质越好。

3. 通道数

通道数就是表示声音产生的波形数，一般分为单声道和立体声道。立体声道更具真实性，但数据量较大。

（六）动画（Animation）

动画就是运动的图画，是一幅幅按一定频率连续播放的静态图像。由于人眼有视觉暂留（惯性）现象，因而这些连续播放的静态图像视觉上是连续的活动的图像。计算机进行动画设计有两种方式：一种是造型动画，另一种是帧动画。造型动画就是对每个运动的物体分别进行设计，对每个对象的属性特征，如大小、形状、颜色等进行设置，然后由这些对象构成完整的帧画面。帧由图形、声音、文字、调色板等造型元素组成，动画中每一帧图的表演和行为由制作表组成的脚本控制。帧动画则是一幅幅位图组成的连续画面，每个屏幕显示的画面要分别设计，将这些画面连续播放就成为动画。

为了节省工作量，计算机制作动画时，只需完成主动作画面，中间画面可以由计算机内插完成，不运动的部分直接拷贝过去，与主动作画面保持一致。当这些画面仅是二维的透视效果时，就是二维动画。如果通过 CAD 制造出立体空间形象，就是三维动画；如果加上光照和质感而具有真实感，就是三维真实感动画。计算机动画文件的格式有 .FLC、.MMM 等，制作动画必须应用相应的工具软件。

三、媒体的分类

媒体（Medium），在一般意义上是指承载信息的载体。按照 ITU-T（国际电信联盟，原 CCITT，国际电报电话咨询委员会）建议的定义，媒体有以下五类（表 4-1）。

表 4-1　媒体的类型、特点、形式及实现方式

媒体类型	媒体的特点	媒体形式	媒体实现方式
感觉媒体	人体感知客观环境的信息	视觉、听觉、触觉	文本、图像、声音、图像
表示媒体	信息的处理方式	计算机数据格式	ASCII 编码、图形编码、音频信号、视频信号
显示媒体	信息的表达方式	输入输出信息	显示器、打印机、扫描仪、音响、摄像机
存储媒体	信息的存储方式	存储信息	内存、硬盘、光盘、纸张
传输媒体	信息的传输方式	网络传输信息	电缆、光缆、电磁波、交换设备

四、多媒体技术的应用

多媒体技术为计算机应用开拓了更广阔的领域，不仅涉及计算机的各个应用领域，还涉及电子产品、通信、传播、出版、商业广告及购物、文化娱乐等领域，并进入人们的家庭生活和娱乐中。综合起来，多媒体技术已成功应用于以下 5 个领域。

（一）教育与教学

教育领域是应用多媒体技术最早，也是进展最快的领域。利用多媒体技术编制的教学课件，可以将图文、声音和视频并用，创造出图文并茂、生动逼真的教学环境、交互式的操作方式，从而可大大激发学生学习的积极性和主动性，提高学习效率，改善学习效果和学习环境。但是要制作出优秀的多媒体教学软件要花费巨大的劳动量，这正是当前计算机辅助教学的"瓶颈"之一。

（二）商业

多媒体在商业方面的应用主要包括3个方面：①办公自动化。先进的数字影像设备（数码相机、扫描仪）、图文传真机、文件资料微缩系统等构成全新的办公室自动化系统。②产品广告和演示系统。可以方便地运用各种多媒体素材生动逼真地展示产品或进行商业演示。例如，房地产公司使用多媒体不用把客户带到现场，就可以通过计算机屏幕引导客户"身临其境"看到整幢建筑的各个角落。③查询服务。商场、银行、医院、机场可以利用多媒体计算机系统，为顾客提供方便、自由的交互式查询服务。

（三）多媒体通信

多媒体计算机技术的一个重要应用领域就是多媒体通信。通过桌上多媒体通信系统，可以远距离点播所需信息，例如电子图书馆、多媒体数据库的检索与查询等，点播的信息可以是各种数据类型。新兴的交互电视可以让观众根据需要选取电视台节目库中的信息。

（四）家用多媒体

近年来面向家庭的多媒体软件琳琅满目，音乐、影像、游戏使人们得到更高品质的娱乐享受。同时随着多媒体技术和网络技术的不断发展，家庭办公、电子信函、电脑购物、电子家务正逐渐成为人们日常生活的组成部分。

（五）虚拟现实

多媒体技术除了以上几个应用领域，另外值得一提的是虚拟现实（Virtual reality）技术，它是近年来十分引人注目的一个技术领域。所谓虚拟现实，就是采用计算机生成的一个逼真的视觉、听觉、触觉及嗅觉等的感觉世界，让人们仿佛置身于现实世界，有一种身临其境的立体感，可以用人的自然技能与生成的虚拟实体进行信息交流。

五、多媒体系统的关键技术

多媒体技术几乎涉及信息技术的各个领域。对多媒体的研究包括对多媒体技术的研究和对多媒体系统的研究。对于多媒体技术，主要是研究多媒体技术的基础，如多媒体信息的获取、存储、处理、信息的传输和表现以及数据压缩/解压技术等。对于多媒体系统，主要是研究多媒体系统的构成与实现以及系统的综合与集成。当然，多媒体技术与多媒体系统是相互联系、相辅相成的。另外，对多媒体制作与表现的专门研究，则更多地属于艺术的范畴，而不是技术问题，这是与艺术创作和艺术鉴赏紧密联系在一起的。

（一）存储与传输技术

由于多媒体信息特别是音频信息、图形图像信息的数据量大大超出了文本信息，因而存储和传输这些多媒体信息需要很大的空间和时间。解决的办法是必须建立大容量的存储设备，并构成存储体系。硬盘存储器和光存储技术的发展，为大量数据的存储提供了较好的物质基础。目前，硬盘和光盘的容量已达 10GB 以上。硬盘由于采用密封组合磁盘技术（温彻斯特技术）而取得了突破性的进展，光盘驱动器不仅容量增加，而且数据传输速率也可望达到或超出硬盘机的水平。

计算机系统结构采用多级存储［高速缓存（Cache）、主存储器和外存储器］构成存储系统，解决了速度、容量和价格的矛盾，为多媒体数据存储提供了较好的系统结构。

（二）压缩和解压缩技术

为了使现有计算机（尤其是微机）的性能指标能够达到处理音频和视频图像信息的要求，一方面要提高计算机的存储容量和数据传输速率，另一方面要对音频信息和视频信息进行数据压缩和解压。对于人的听觉和视觉输入信号，可以对数据中的冗余部分进行压缩，再经过逆变换恢复为原来的数据。这种压缩和解压，对信息系统可以是无损的，也可以是有损的，但总要以不影响人的感觉为原则。数据压缩技术（或数据编码技术），不仅可以有效地减少数据的存储空间，还可以减少传输占用的时间，减轻信道的压力，这一点对多媒体信息网络具有特别重要的意义。

（三）多媒体软硬件技术

大容量光盘技术、硬盘技术、高速处理计算机、数字视频交互卡等技术的开发，直接推动了多媒体技术的发展。多媒体计算机系统的数据存储、数据处理、输入/输出和数据管理，包括各种技术和设备都是与多媒体技术相关的。在硬件方面，各种多媒体外部设备已经成了标准配置，如光盘驱动器、声音适配器、图形显示卡等；计算机 CPU 也加入了多媒体处理和通信的指令系统（MultiMedia eXtention，MMX），大大扩展了计算机的多媒体功能；扫描仪、彩色打印机、彩色绘图机、数码相机、电视机顶盒等一大批具有多媒体功能的设备已配置到计算机系统中。

在软件方面，随着硬件的进步，多媒体操作系统编辑创作软件、通用或专用开发软件以及大批多媒体应用软件，极大地促进了多媒体技术的发展。多媒体技术的发展也极大地促进了计算机软硬件技术、数据通信和计算机网络以及计算机图形图像处理技术的发展。

（四）多媒体数据库技术

多媒体的信息数据量巨大，种类格式繁多，每种媒体之间的差别也很大，但它们之间又具有种种关联，这些都给数据和信息的管理带来许多困难，因此，传统的数据库已不能适应多媒体数据的管理。

处理大批非规则数据主要有两个途径：一是扩展现有的关系数据库，通过在原来的关系数据库的基础上增加若干种数据类型来管理多媒体数据，还可以实现"表中有表"的数据模型，允许关系的属性也是一种关系；二是建立面向对象数据库系统，以存储和检索特定信息。在多媒体信息管理中，最基本的是基于内容检索技术，其中对图像和视频的基于内容的检索方法将是多媒体检索经常遇到的问题。

随着国际互联网 Internet 的发展，超文本和超媒体的数据结构被广泛应用，引起了信息管理方面的巨大变革。超文本（HyperText）在存储组织上通过"指针"将数据块链接在一起，是互连的网状结构，而不是顺序结构，比较符合人的记忆对信息的管理（可以联想）。由结点和链（指针）组成的超文本结构网络称为 Web，它是一个由结点和链组成的信息网络，用户可以在该信息网络中实现"浏览"的功能。将多媒体信息引入超文本结构，称为超媒体。制作和管理超媒体的系统就称为超媒体系统。

（五）多媒体通信和网络技术

随着计算机科学与技术的发展，一般意义上的计算机都是指多媒体计算机或网络计算机，多媒体系统一般都是基于网络分布应用系统的。多媒体通信网络为多媒体应用系统提供多媒体通信手段。多媒体网络系统就是将多个多媒体计算机连接起来，以实现共享多媒体数据和多媒体通信的计算机网络系统。多媒体网络必须有较高的数据传输速率或较大的信道宽带，以确保高速实时地传输大容量数据的文本、音频和视频信号，并且必须制定相应的标准（如 H. 251 远程会议标准、JPEG 静态图像压缩标准、MPEG 动态连续声音图像压缩标准等）。随着电子商务、远程会议、电子邮件等网络服务的发展，对网络安全与保密提出了更高的要求。

（六）虚拟现实技术（Virtual reality）

从本质上讲，虚拟现实技术是一种崭新的人机界面，是三维的、对物理现实的仿真。虚拟现实系统实际上是一种多媒体计算机系统，它利用多种传感器输入信息仿真人的各种感觉，经过计算机高速处理，再由头盔显示器、声音输出装置、触觉输出装置及语音合成装置等输出设备，以人类感官易于接受的形式表现给用户。虚拟现实技术能实现人与环境的统一，仿真"人在自然环境之中"。

人的感觉是多方面的，要想使处于虚拟现实中的人在各种感觉上都能仿真是很困难的，要达到智能就更困难了。但是，虚拟现实技术提供了一种崭新的人机界面设计的方向，在国民经济许多领域都会有重要应用，是多媒体系统重要的发展方向。

六、多媒体技术的特点

（一）多样性

相对于早期的计算机，信息媒体具有多样性。

（二）交互性

指用户与计算机之间进行数据变换、媒体交换和控制权交换的一种特性。多媒体技术的交互性实现了用户与计算机之间文字、图形、图像、声音、动画、视频信息的交互，从而提供更有效的控制和使用信息的手段。

（三）集成性

指以计算机为中心综合处理多种信息媒体，主要表现在两个方面。

（1）信息媒体的集成。多通道统一获得，多媒体信息统一组织与储存，多媒体信息表现合成等。

（2）多媒体设备的集成。硬件方面概括为高速、大容量、多通道、网络；软件方面包括多媒体操作系统、信息管理和使用的软件系统、创作工具、应用软件。

（四）实时性

指把计算机交互性、通信系统分布性和电视系统真实性有机地结合在一起，在人感官系统允许的情况下进行多媒体实时交互，就像面对面实时交流一样，图像和声音都是连续的。

项目二 多媒体教学软件与教学设计

一、多媒体教学软件定义

多媒体教学软件是一种根据教学目标设计，表现特定的教学内容，反映一定教学策略的计算机教学程序，它可以用来存储、传递和处理教学信息，能让学生进行交互操作，并对学生的学习作出评价的教学媒体。

二、多媒体教学软件特点

（一）图文声像并茂，激发学生学习兴趣

多媒体教学软件由文本、图形、动画、声音、视频等多种媒体信息组成，图文声像并茂，所以给学生提供的外部刺激不是单一的刺激，而是多种感官的综合刺激，这种刺激能引起学生的学习兴趣和提高学生的学习积极性。

（二）友好的交互环境，调动学生积极参与

多媒体教学软件提供图文并茂、丰富多彩的人机交互式学习环境，使学生能够按自己的知识基础和习惯爱好选择学习内容，而不是由教师事先安排好，学生只能被动服从，这样，将充分发挥学生的主动性，真正体现学生的认知主体的作用。

（三）丰富的信息资源，扩大学生知识面

多媒体教学软件提供大量的多媒体信息和资料，创设了丰富有效的教学情景，不仅利于学生对知识的获取和保持，而且大大地扩大了学生的知识面。

（四）超文本结构组织信息，提供多种学习路径

超文本是按照人的联想思维方式非线性地组织管理信息的一种先进的技术。由于超文本结构信息组织的联想式和非线性符合人类的认知规律，便于学生进行联想思维。另外，由于超文本信息结构的动态性，学生可以按照自己的目的和认知特点重新组织信息，按照不同的学习路径进行学习。

三、多媒体教学软件基本类型

根据多媒体教学软件的内容与作用的不同，可以将多媒体教学软件分为如下几种

类型。

（一）课堂演示型

它注重对学生的启发、提示，反映问题解决的全过程，主要用于课堂演示教学。这种类型的教学软件要求画面要直观，尺寸比例较大，能按教学思路逐步深入地呈现。

（二）学生自主学习型

软件具有完整的知识结构，能反映一定的教学过程和教学策略，提供相应的形成性练习供学生进行学习评价，并设计许多友好的界面让学习者进行人—机交互活动。利用个别化系统交互学习型多媒体教学软件，学生可以在个别化的教学环境下进行自主学习。

（三）模拟实验型

借助计算机仿真技术，提供可更改参数的指标项，当学生输入不同的参数时，能随时真实模拟对象的状态和特征，供学生进行模拟实验或探究发现学习使用。

（四）训练复习型

主要是通过问题的形式用于训练、强化学生某方面的知识和能力。这种类型的教学软件在设计时要保证具有一定比例的知识点覆盖率，以便全面地训练和考核学生的能力水平。另外，考核目标要分为不同等级，逐级上升，根据每级目标设计题目的难易程度。

（五）教学游戏型

基于学科的知识内容，寓教于乐，通过游戏的形式，教会学生掌握学科的知识和能力，并引发学生对学习的兴趣。对于这种类型软件的设计，特别要求趣味性强、游戏规则简单。

（六）资料、工具型

包括各种电子工具书、电子字典以及各类图形库、动画库、声音库等，这种类型的教学软件只提供某种教学功能或某类教学资料，并不反映具体的教学过程。这种类型的多媒体教学软件可供学生在课外进行资料查阅使用，也可根据教学需要事先选定有关片段，配合教师讲解，在课堂上进行辅助教学。

四、多媒体教学软件设计过程

由于多媒体教学软件是面向教学，且具有数据量大、交互性强的特点，从而决定了多媒体教学软件的开发有其独特的方法。多媒体教学软件开发过程可用图 4-1 表示，首先是选择课题，确定项目，接着通过教学设计、系统设计、脚本编写、数据准备、软件编辑等步骤编制成教学软件，将教学软件在教学过程进行试用评价，发现不足之处，进行修改，最后形成产品。

五、多媒体教学软件的教学设计

教学设计是多媒体教学软件设计的第一步。教学设计是应用系统科学方法分析和研

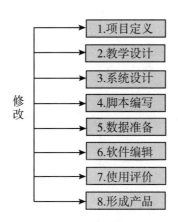

图 4-1　多媒体教学软件开发过程

究教学问题和需求，确定解决它们的教学策略、教学方法和教学步骤，并对教学结果作出评价的一种计划过程与操作程序。

　　教学设计是以分析教学的需求为基础，以确立解决教学问题的步骤为目的，以评价反馈来检验设计与实施的效果。它是一种教学的规划过程和操作程序。

　　多媒体教学软件的教学设计，就是要应用系统科学的观点和方法，按照教学目标和教学对象的特点，合理地选择和设计教学媒体信息，并在系统中有机地组合，形成优化的教学系统结构。它包括如下基本工作：教学目标与教学内容的确定、学习者特征的分析、媒体信息的选择、知识结构的设计、诊断评价的设计等。

（一）教学目标与教学内容的确定

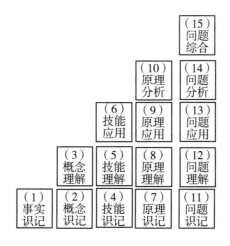

图 4-2　学习内容与教学目标的分析模型

（李克东和谢幼如，1990）

（1）本教学内容的重点和难点是什么？

（2）传统教学方法为什么不能或没能很好地解决教学中这一重点和难点？

（3）利用多媒体教学软件的什么突出特点来解决教学中这一重点和难点？

在确定教学内容后，进一步根据学科的特点，将教学内容分解为许多的知识点，分析这些知识点的知识内容是属于事实、概念、技能、原理、问题解决等哪一类别。

（二）学习者特征的分析

指了解学习者的学习准备情况及其特点的活动，它为后续的教学设计工作提供重要的依据。学习准备包括两个方面：一是学习者对从事特定的学科内容的学习已经具备的有关知识与技能的基础，以及对有关学习内容的认识和态度，这叫作"起始能力"（Entry competencies）。二是学习者对从事该学习产生影响的心理、生理和社会的特点，包括年龄、性别、认知成熟度、生活经验、文化背景、学习动机、个人对学习的期望等，这被称作"一般特征"。学习者的特征分析包括起始能力的预估和一般特征的鉴别两方面的工作。

（三）媒体信息的选择

首先要明确媒体的使用目标是什么，接着通过分析各种媒体类型的特点，根据教学目标和内容的需要选定能实现媒体使用目标的各种媒体。

1. 确定媒体的使用目标

在媒体选择时，作为设计者首先要明确运用媒体的目的是什么（即要起什么作用），这便是媒体的使用目标。通常媒体的使用目标包括如下几种。

（1）呈现事实。媒体能提供有关科学现象、形态、结构，或者是史料、文献等客观真实的事实。

（2）创设情景。媒体能提供有关的画面、动画、活动现场等，说明故事的情节，展示特定的情景。

（3）提供示范。媒体能提供一系列的标准行为，如语言、动作、技能等，供学生模仿和练习。

（4）解释原理。媒体能提供典型事物的运行、成长、发展的完整过程，解释其特点和规律。

（5）探究发现。媒体能提供典型现象或过程，通过设置疑点和问题，让学生进行探究和发现。

2. 分析各种媒体的特点

多媒体教学软件中的媒体类型主要包括文本、图形、静态图像、动画、音频和视频。从信息呈现的角度进行分析，它们有如下特点。

（1）文本。文本主要指在计算机屏幕上呈现的文字内容，一般用于传递教学信息内容。在多媒体教学软件中，学习者可以自主控制文本的呈现时间，因此阅读时的灵活性比较大。超文本链接技术更加方便学习者的阅读，从而显示出在计算机环境下阅读文本的优越性。

（2）图形。在多媒体教学软件的各种媒体中，图形比较特殊，因为它是抽象化的，承载的信息量比较少。由于它具有数据量小，不易失真等特点，因此在多媒体软件中应用得比较多（几乎所有的多媒体制作工具都具有绘制图形的能力）。

（3）静态图像。静态图像又称位图，在多媒体教学软件中应用最多，从界面、背景到各种插图，基本上都选择位图。位图的色彩比较丰富，层次感强，可以真实地重现生活环境（如照片），因此其承载的信息量比较大。

（4）动画。动画是对事物运动、变化过程的模拟。一般来讲，动画的制作需要借助专门的工具软件，有二维的，也有三维的。经过创造设计的动画更加生动、有趣，有利于激发学习者学习的兴趣和积极性。

（5）音频。音频包括波形音频、CD-DA 音频和 MIDI 音频。在教学中利用音频传递教学信息，是调动学生使用听觉接收知识的必要前提。标准的解说、动听的音乐有利于集中学生学习的注意力、陶冶学生的情操、激发学生学习的潜力。

（6）视频。同动画媒体相比，视频是对现实世界的真实记录。借助计算机对多媒体的控制能力，可以实现视频的播放、暂停、快速播放、反序播放、单帧播放等功能。它的信息量比较大，具有更强的感染力。

3. 选择媒体的类型与内容

在设计多媒体教学软件时，关于媒体信息的选择与设计，根据对教学内容与教学目标分析的结果和各类媒体信息的特性，合理选择适当的媒体信息（如文本、图形、图像、动画、视频、解说、效果声等）和具体内容，实现原定的媒体使用目标，并把它们作为要素分别安排在不同的教学内容（知识点）中，参考表 4-2。

表 4-2 多媒体信息选择设计表

知识点	文本	图形	图像	动画	视频	解说	效果声
S1	√		√			√	
S2	√			√		√	√
S3					√	√	√
SN			√			√	√

（四）知识结构的设计

1. 体现知识内容的关系

在知识结构的设计时首先要涵盖所有的知识点内容，不要遗漏知识点。同时，还要在学科教学专家、教研人员、学科教师的配合下确保知识点的排列组合能体现知识内容之间的关系。

2. 体现学科教学的规律

各个知识点的关系要体现学科的教学特点，反映学科的教学规律。如专业课程实训教学中常常遵循理论和实践的结合，操作、演练和总结的教学过程；在基础课程线性代数教学中，常常从日常生活具体事实中概括出抽象的数学问题，提出数学概念，然后进行证明、推理和演绎，最后将一系列的公理、原理、规则和推论应用于解决实际生活问题；动物生理学教学中常常要同时进行理论、机制、原理、系统模拟等方面的教学等。

3. 体现知识结构的功能

知识体系与任何别的系统一样有自己的要素和结构，同时也有一定的功能。因此，知识结构的设计中要力求在清楚地揭示知识关系的同时，展示出知识结构的功能，从而方便教师组织合理的教学活动，发挥教学结构的功能。

（五）诊断评价的设计

诊断评价可以设计成游戏形式或问题问答形式，一般应包括提问、应答、反馈三部分。

1. 提问部分

提问是整个问题的第一部分，提问是否为学习者所理解将直接影响回答的结果。提问部分必须意义完整，问题明确，能促进学习者进行思考。提问的问题要与知识点内容紧密联系，并反映相应的教学目标。提问可用是非题、多项选择题、匹配题或简单填充题。

2. 回答部分

按照提问要求，将学习者可能作出的反应情况全部罗列出来（或设计成由学习者自己输入），根据这些可能性，计算机将作出不同的反应。回答部分的设计应一题一答，易于实现。在学习者回答问题时，应适当给予提示，以让他们有较多的成功机会。对回答结果的判断应与评分相结合。

3. 反馈部分

对于学习者的回答，应给予相应的反馈。对于正确答案，应给予鼓励性反馈；对于有缺点的、错误的答案，应给予指正或补救性的建议，并根据不同的情况分别作出"指出错误""要求重答""给出答案""辅导提示"等不同形式的反馈。

六、多媒体软件系统的分类

（一）按其功能划分

1. 驱动程序软件

多媒体驱动软件是多媒体软件中直接和硬件打交道的部分，也是设备正常运转必不可少的软件。主要功能：完成设备的初始化、各种设备的打开与关闭操作，以及设备的其他各种操作。基于硬件的压缩与解压，图像快速变换等功能调用，在启动操作系统时，多媒体设备驱动程序把设备状态、型号、工作模式等信息提供给操作系统，并驻留在内存储器，供系统调用。

2. 多媒体操作系统

多媒体操作系统也称多媒体操作平台，是多媒体软件的核心，也是一个实时多任务的软件系统。主要功能：负责多媒体环境下多任务的调度，提供多媒体信息的基本操作与管理，支持实时同步播放。它是多媒体计算机的控制中枢，控制所有硬件和软件协调动作、处理输入输出方式和信息、提供软件维护工具等。

3. 多媒体工具软件

多媒体工具软件是运行在多媒体操作系统上供应用领域专业人员组织编排多媒体数据，并将之连接成完整多媒体应用系统的工具性软件，包括多媒体素材制作软件，多媒体编辑创作软件。其主要功能有：用于多媒体素材合成与处理、控制手段实施、交互功能实现、输入输出控制、用户界面生成等，包括高级程序设计语言、多媒体素材连接专用软件、集运算和处理多媒体素材的综合类软件等。

4. 多媒体应用软件

多媒体应用软件是指由应用领域专家或者专业开发人员利用计算机编程语言或多媒体写作软件开发制作的最终的多媒体产品。主要类别有 Windows 系统提供的各种多媒体软件、动画播放软件、声音播放软件、光盘刻录软件等。

5. 多媒体应用系统

多媒体应用系统是建立在多媒体平台上设计开发的面向应用的软件系统，或者使用多媒体软件创作工具开发出来的应用软件。主要类别有多媒体数据库系统、超媒体或超文本系统等；多媒体辅助教育系统、多媒体报告系统、多媒体电子图书等。

（二）按多媒体创作工具特点来划分

1. 编程语言

Visual Basic、Visual C++、Delphi、Java 等高级语言。

2. 多媒体创作工具

专门为不懂编程的创作者所设计的、用来制作多媒体产品的工具。多媒体创作工具按照处理对象划分，有以下软件类型。

（1）音频数据制作软件。音频编辑软件有 Sound Forge、Wavedit、Cool Edit 等。常用的 MIDI 编辑软件有 CakeWalk（Pro Audio）、MIDI Orchestrator 等。

（2）图形图像素材制作软件。有 Photoshop、Painter、PhotoImpact、Designer、Illustrator、Corel DRAW、Fireworks。

（3）数字视频获取与处理软件。Premiere 软件。

（4）视频动画素材制作软件。目前比较流行的二维动画制作软件有 Flash、Animator Studio 等。常见的三维动画创作软件有 3DS MAX、Poser 3 等。

（5）多媒体播放软件。媒体播放器、苹果公司的 QuickTime、豪杰公司的超级解霸、播放 MP3 的 Winamp、网上收听收看实时音频、视频的常用工具 RealOne Player 等。

七、教学软件系统设计

多媒体教学软件如何将知识内容在计算机上通过灵活多样的形式加以表达，发挥多媒体的优势，突破教学难点，突出教学重点，培养学生的能力和素质，这就需要进行教学软件的系统设计。多媒体教学软件的系统设计包括封面导言的设计、屏幕界面的设计、交互方式的设计、导航策略的设计、超文本结构的设计等内容。

（一）软件结构与功能的设计

1. 超媒体结构的设计

在超媒体结构中，节点、链、网络是定义超文本结构的三个基本要素。

（1）节点。节点是存储数据或信息的单元，每个节点表示一个特定的主题，它的大小根据实际需要而定，没有严格的限制。节点中信息的载体可以是文字，也可以是图形、图像、动画、声音或它们的组合等。在多媒体教学软件中，节点可以分为以下多种形式：①文本类节点。节点内存储的是文字符号信息，可用来表达思想、解释概念、描述现象等。②图文类节点。节点内存储有文字和图像媒体，图像可以是黑白、彩色图形或图像，也可以是照片等，适合于表现事物的形态、结构。③听觉类节点。节点内存储有波形音频、MIDI 等音频媒体，它能提供听觉感受。④视听类节点。节点内存储有视频、动画的视听媒体，它能给人综合的视听感觉，是最具表现力的节点。⑤程序类节点。节点内存储的是计算机程序，它具有特殊的功能，通常用"按钮"形式来表现，进入这种节点后，将启动相应的程序，完成特定的操作。

（2）链。链表示不同节点中存放信息间的联系。它是每个节点指向其他节点，或从其他节点指向该节点的指针，因为信息间的联系是丰富多彩的，因此链也是复杂多样的，有单向链（→）、双向链（←→）等。链功能的强弱，直接影响着节点的表现力，也影响到信息网络的结构。链的具体形态体现在软件的跳转关系上，可以通过"热键""图标""按钮"的方式实现节点间的跳转。利用这些跳转关系，可分别完成顺序运行、结构联系、交叉索引、信息查询、程序运行等关系的变化。

（3）网络结构。超文本的信息网络是一个有向图结构，它类似于人工智能中的语义网络。超文本网络结构中信息的联系，体现了作者的思想轨迹，超文本网络结构不仅提供了知识、信息，同时还包含了对它们的分析、推理。因此，在设计网络结构时应考虑到主题显示与子主题之间、知识单元与知识点之间、知识单元与知识单元之间、知识点与知识点之间的逻辑关系和层次关系及其之间的跳转关系，形成一个非线性的网络结构。

2. 总体风格的设计

（1）软件风格的特性。①软件风格的多样性。多样性是软件风格的必然特性。②软件风格的一致性。无论是哪一门课程、适用于哪一个年级的教学软件，都必须按照一定的制作规范进行开发，这就规定了教学软件的风格不能不带有一致性。特别是在同一个教学软件或同一系列的教学软件中，软件的风格更应该保持一致性，这样，无论是对于教学知识的表达，还是使用者（教师或学生）的学习和操作使用，都有一定的规律性。

（2）影响软件风格的因素。①教学软件的类型。多媒体教学软件具有不同的类型，可分为课堂演示型、学生自主学习型、模拟实验型、训练复习型、教学游戏型、资料工具型等，每一种类型的教学功能和教学作用不同，软件的风格应有所不同。②教学软件的内容。知识内容繁多，各学科的特点和规律差别甚大，如专业基础课程和专业实训课程等，教学的内容差别很大，因此，其教学过程和利用多媒体计算机表现的形式也有较大的差别，所以软件的风格也应有所不同。

3. 主要模块的划分

不同的模块，在屏幕设计和链接关系上有很大的区别，主要模块的划分是非常重要的工作。

4. 屏数的确定与各屏之间的关系

每一个子模块的呈现是由若干屏幕来完成的，屏数的确定可参考文字脚本中与该知识内容相对应的卡片数，并确定各屏之间的关系。

5. 软件结构的设计方法

设计多媒体教学软件的系统结构，可按以下步骤进行。

（1）设计软件的封面与导言。多媒体教学软件的标题要简练，封面要形象生动，能引起学生兴趣，并能自动（或触动）进入导言部分。多媒体教学软件的导言部分要阐明教学目标与要求，介绍软件使用的方法，呈现软件的基本结构，以引起学生注意。

（2）确定软件的菜单组成与形式。根据软件的主要框架及教学功能，确定软件的主菜单和各级子菜单，并设计菜单的表达形式（如文字菜单、图形菜单等）。

（3）划分教学单元并确定每个教学单元的知识点构成。将教学内容划分成若干个教学单元，确定每个教学单元所包含的知识点。有时不同教学环节的形成性练习也可划分为独立的单元。

（4）设计屏幕的风格与基本组成。根据不同的教学单元，设计相应的屏幕类型，使相同的知识点具有相对稳定的屏幕风格，并考虑每类屏幕的基本组成要素。

（5）确定屏幕内各要素的跳转关系。屏幕内各要素的跳转不会引起屏幕整框的翻转，只是屏幕内部某个要素的改变。

（6）确定屏幕与屏幕之间的跳转关系。这种跳转将使当前所在的屏幕翻转到另一个屏幕。

（7）确定屏幕向主菜单或子菜单的返回。每一屏幕可根据需要向主菜单或上一级子菜单跳转。

（8）确定屏幕向结束的跳转关系。教学软件在运行过程中能随时结束退出，这样才能方便使用。

（二）屏幕画面的设计

1. 屏幕画面的基本内容

屏幕画面的描述一般包括屏幕版面、颜色搭配、字体形象和修饰美化等内容。用来进行多媒体计算机辅助教学的多媒体教学软件，其屏幕画面的要求比一般的多媒体产品的要求更高，即除追求屏幕的美观、形象、生动之外，还要求屏幕所呈现的内容具有较强的教学性。

（1）屏幕版面。多媒体教学软件的版面安排，一般要求教学主体突出、交互操作方便、屏幕使用率高。

（2）颜色搭配。颜色搭配设计包括背景颜色、文字颜色以及全屏幕色调的设计。一般要求色彩协调，醒目自然。

（3）字体形象。字体形象设计包括字形和字的大小设计，一般要求字形标准、规范，建议用楷体；字的大小要求适中、清楚。

（4）修饰美化。除上述设计以外，为使屏幕形象更加美观，还需进行必要的修饰、点缀，但教学软件一般要求整洁、美观、大方。

2. 屏幕版面的规划

（1）教学信息呈现区域。教学信息呈现区域主要呈现知识内容、演示说明、举例验证、问题提问等，它们是以多媒体信息来呈现的。在安排这些媒体信息的呈现区域时，重点是对各种可视信息，如文本、图形、图像、活动影像、动画等进行定位和大小设计。整个教学信息呈现区域，在屏幕版面上应处于醒目的位置并占有较大的面积。

（2）帮助提示区域。多媒体教学软件中的导航策略很重要，它可以指导学习者沿着正确的路径进行学习，避免迷途或少走弯路。因此，在制作脚本中，应有相应内容的描述并在屏幕版面上有所考虑。

（3）交互作用区域。交互作用区域根据学生操作习惯，一般位置是在右边、下面或右下角。

（三）导航策略的设计

1. 检索导航

系统提供一套检索方法供用户查询，通常是首先查询控制节点或索引节点，由它提供用户较完整的信息网络轮廓或更细致的局部轮廓，用户再逐步跟踪相关节点缩小搜索范围，直到找到所需的信息。其中控制节点或索引节点可以利用关键词、标题、时间顺序或知识树等多种方式设置。

2. 帮助导航

系统设置有专门帮助菜单，学习者在学习过程中遇到问题和困难时，帮助菜单将提供解决的办法和途径以引导学生不会迷航。

3. 线索导航

系统可以在学习者浏览访问系统的链和节点时，把学习者的学习路径记录下来，可以让学习者按原来的路径返回，系统也可以让学习者事前选定一些感兴趣的路径作为学习线索，然后学生可以根据此线索进行学习。

4. 浏览导航

利用导航图导航。系统设置有导航图，它是以图形化的方式，表示出超文本网络的结构图，图中包含有超文本网络结构中的节点以及各节点之间的联系。导航图可以帮助用户在网络中定向，并观察信息是如何连接的，每个节点都是一个信息单元，学习者可以直接进入某个节点进行学习。

5. 演示导航

系统提供一种演示方式来指导学习，其效果就像播放一套连续幻灯片一样。系统通过某种算法，把系统中的主要内容按一定顺序向学习者演示，以供学习者模仿。

6. 书签导航

系统提供若干书签号，用户在浏览过程中，在认为是主要的或感兴趣的节点打上指定序号的书签，以后只要用户输入书签号，就可以快速地回到设置书签的节点上。

（四）友好界面的设计

1. 窗口

窗口是教学软件屏幕界面最主要的呈现处，它包含一个对计算机的特定视口，或是学习者与计算机对话的特定视口，它可与屏幕相对独立的变化。一个窗口可能很小，只包含一个短信息或是一个单域；也可能很大，占用大部分或全部可用的显示空间。窗口可用以表示不同级别的各种信息，也可同时呈现各种不同信息，还可以顺序显示各级和各种信息，访问来自不同资源的信息，合并几个不同信息源，执行多任务，将同一任务进行多种表示，等等。

2. 菜单

一个教学系统常包含大量数据，并要执行多种功能，通常设计者会在屏幕上制作一个学习者使用的选项列表，使学习者正确使用系统，或建立一连串屏幕，这种使学习者可以从第一个屏幕总的评述中一级一级地达到目的的选项即是我们所说的菜单。菜单的使用提示了用户可用的功能及他们可能没意识到或已忘记的信息。

菜单可分为三种：单个菜单、菜单串和多路径菜单。单个菜单和多路径菜单又包含几个子类。

3. 图标

图标是多媒体教学软件中一种常用的图形界面对象，它是一种小型的、带有简洁图案的符号，它的外形能表示它的意义，表达直观易懂。但对图标含义的理解仍取决于使用者平时的生活经验，一个符号的形状则是由人们任意规定，它的意义只有通过学习才能掌握。屏幕上画的小电话、小钟等都是图标。

4. 按钮

按钮有时称按压按钮，类似于电子设备和机械设备中常见的控制按钮，它在屏幕上的位置相对固定，并在整个系统中功能一致。学习者可以通过鼠标点击对它们操作，也可以用键盘和触摸屏进行操作。多媒体软件中的按钮花样繁多，非常吸引人。总的来说，按钮通常是矩形，设计时可以考虑成方角矩形、圆角矩形、带斜边的矩形、带阴影的矩形等，但无论如何在一个教学软件中，按钮的外形都应该保持一致性。在设计按钮时要考虑按钮的定位，是放在窗口底部，还是上部或右边等。

5. 对话框

对话框通常以弹出式窗口出现，对话框用于与用户之间进行更细致、更具体的信息交流，常由一些选择项和参数设定空格组成。

6. 热键

热键一般在文本中出现，它是采用变色（或鼠标点到时才变色）的方法提醒使用对象，通过热键对变色的内容作详细说明或注解。热键有时可以针对一个字、一个词语或一个特定的区域，从而形成热字、热词或热区。

八、多媒体教学软件的脚本编写

（一）文字脚本的编写

多媒体教学软件应编写出相应的脚本，作为制作多媒体教学软件的直接依据。文字脚本是按照教学过程的先后顺序，用于描述每一环节的教学内容及其呈现方式的一种形式。文字脚本体现了多媒体教学软件的教学设计情况。

多媒体教学软件文字脚本的编写包括学习者的特征分析、教学目标的描述、知识结构的分析、学习模式的选择、学习环境与情境的创设、教学策略的制订、教学媒体的选择设计等内容。通常情况下，编写多媒体教学软件的文字脚本要包括以下内容。

1. 使用对象与使用方式的说明

本部分内容要清楚说明教学软件的教学对象、软件的教学功能与特点以及软件的适用范围与使用的方式。

2. 教学内容与教学目标的描述

本部分内容要说明软件的知识结构，以及组成知识结构的知识单元和知识点，并详细描述教学的目标和要求。

3. 文字脚本卡片系列

本部分内容是按要求填写文字脚本卡片，并按一定的顺序将卡片排列组合起来。多媒体教学软件的文字脚本卡片的一般格式如表4-3所示，包含序号、内容、媒体类型和呈现方式等。

表4-3　文字脚本卡片

序号	内容	媒体类型	呈现方式
1-1	动物能量代谢	文本、图形图像	图文
……			
……			

（1）序号。在一定的程序上，可以认为文字脚本是文字脚本卡片的有序集合，文字脚本卡片的序列安排是根据教学过程的先后顺序来决定的。依据知识结构流程图，可划分各阶段的序号范围并按先后顺序将文字脚本的卡片序号排列出来。如果在讲授知识点的过程中配有相应的问题，那么可根据问题的设置加插相关的序号。

（2）内容。内容即某个知识点内容或构成某个知识点的知识元素，也可以是与知识内容相关的问题。

（3）媒体类型。媒体类型即根据教学内容与教学目标的需要，考虑各类媒体信息的特点，适当地选择文本、图形、图像、活动影像、解说、效果声等各种媒体类型。

（4）呈现方式。主要是指每一个教学过程中，各种信息出现的前后次序（如先呈现文字后呈现图像、先呈现图像后呈现文字或者是图像和文字同时呈现等）和每次调用的信息种数（如图文音同时调用、只调用图文或者是只调用文字等）。

（二）制作脚本的编写

文字脚本是学科专业教师按照教学过程的先后顺序，将知识内容的呈现方式描述出来的一种形式，它还不能作为多媒体教学软件制作的直接依据。还应考虑所呈现的各种信息内容的位置、大小、显示特点（如颜色、闪烁、下划线、黑白翻转、箭头指示、背景色、前景色等），还要考虑信息处理过程中的各种编程方法和技巧。所以需要在文字脚本的基础上改写成多媒体软件制作脚本。

多媒体教学软件制作脚本的编写包括软件系统结构的说明、主要模块的分析、软件的屏幕设计、链接关系的描述等内容。其中，软件的屏幕设计、链接关系的描述等一般通过制作脚本卡片的填写来完成。多媒体教学软件的制作脚本通常是由教学软件系统结构与主要模块的分析和一系列的制作脚本卡片构成。

1. 系统结构与主要模块的分析

（1）系统功能的说明。这一部分主要说明教学软件的系统组成以及教学系统所具有的各种教学功能和作用。

（2）主要模块的分析。主要模块是构成多媒体教学软件系统的主要部分。一般情况下，主要模块即为同类知识单元，它是某个知识点或构成知识点的知识要素，但也可以是教学补充材料或相关的问题或练习。

2. 制作脚本卡片的编写

多媒体教学软件制作脚本的编写最后归结为制作脚本卡片的填写。作为教学软件制作的直接依据，这种卡片，称为多媒体教学软件制作脚本卡片。

描述多媒体教学软件的制作脚本一般包括如下6个方面的内容。

（1）类别。多媒体教学软件一般是属于超文本结构，为了便于管理和制作，可按主要模块（或子模块）将相关的制作脚本卡片分类，并按一定顺序编排。

（2）文件名。文件名是对这一屏幕内容的计算机命名。

（3）屏幕画面。屏幕画面是软件设计者对这一屏幕的设计思路的体现。

（4）跳转关系。多媒体教学软件的超文本结构是通过跳转关系描述多媒体教学软件结构的，在制作脚本中，可从"进入方式"和"键出方式"两方面来描述节点与节点之间的联系。一般采用如下语句来描述。

A. 由＿＿＿＿文件，通过＿＿＿＿按钮（或菜单、图标、窗口等）进入。

B. 通过＿＿＿＿按钮（或菜单、图标、窗口等），可进入＿＿＿＿文件。

（5）呈现说明。主要说明呈现媒体的先后顺序和同一时间呈现媒体的种类数。

（6）解说配音。注明要配音的解说词内容。

根据多媒体教学软件的设计要求，可以将多媒体教学软件的文字脚本和制作脚本的编写过程设计成如图4-3所示，以方便教师的设计和编写工作。

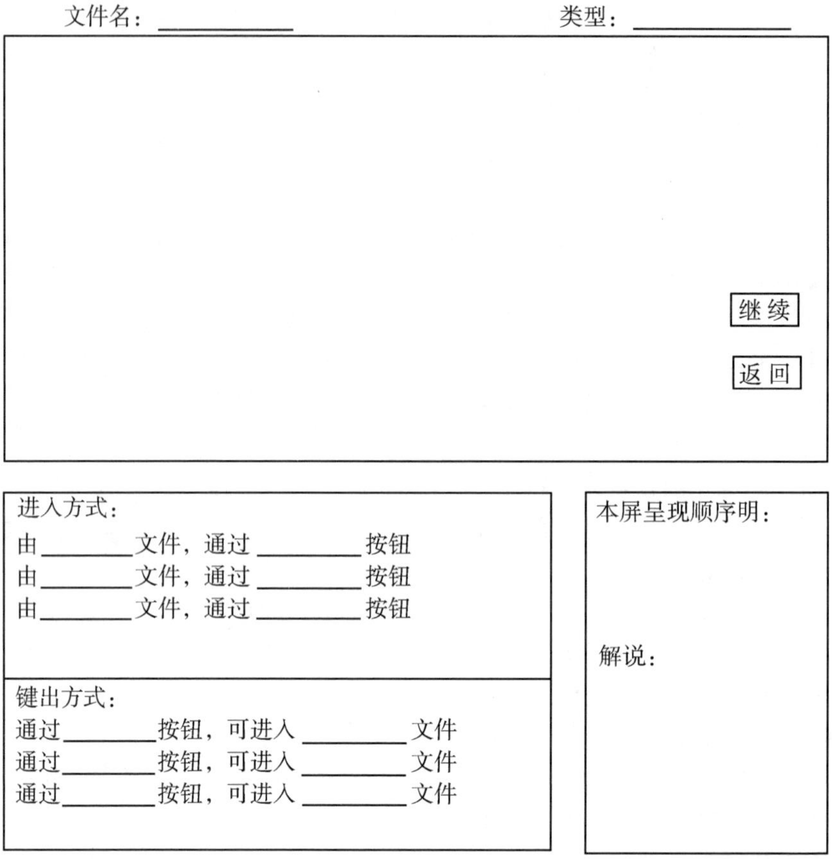

文件名：_____　　　　　　　类型：_____

继续

返回

进入方式：
由_____文件，通过_____按钮
由_____文件，通过_____按钮
由_____文件，通过_____按钮

键出方式：
通过_____按钮，可进入_____文件
通过_____按钮，可进入_____文件
通过_____按钮，可进入_____文件

本屏呈现顺序明：

解说：

图 4-3　脚本卡片

项目三　多媒体技术在动物科学专业教学过程中的运用

一、在动物科学专业教学中利用多媒体教学的优越性

（一）形象逼真，有助于提高教学效率和质量

多媒体以直观视觉的形式展示教学内容，速度快，形象具体，有利于学生的感知和理解，它克服了传统教学方法中课堂挂图、画图的缺陷。主要适合形态和结构方面的教学。例如，动物解剖学、组织胚胎学、生物化学、动物病理学、动物遗传学、动物微生物学、动物传染病学等。这类课程应从形态结构图示上下功夫，多媒体课件内容也应以此为主要内容。如在畜禽解剖学中，畜禽循环系统的形态结构名字繁多、比较复杂，有的标本较小，辨认困难，不易掌握；家畜遗传学中细胞的基本结构、细胞之间的相互关系，细胞器的功能及机理等，过去这些内容在讲课中非常抽象。现在利用多媒体技术或

教学片的三维图像或视频影像来表现，教师讲解时就会省时省力，学生学习时易于理解和掌握。

以动物微生物学课程为例。传统的动物微生物教学以板书和挂图等传统的教学模式为主，比较繁琐和费时。而采用多媒体教学可以大大缩短教师板书或悬挂、更换挂图的时间。这样在有限的课堂教学时间内，一方面可以增加教师与学生交流的时间，丰富教学内容，从而使学生获得更多的知识；另一方面它使教师在完成课本内容讲授的同时，有充分的时间与空间对学生进行知识扩充，从而提高教学效率和质量。

（二）化静为动，有助于激发学生的学习兴趣

多媒体可以把抽象性的内容通过多媒体课件中的动画和视频片段直观地呈现出来，使器官、组织和系统的运动性原理更加直观和生动、通俗易懂、快捷高效。高质量多媒体课件是图文并茂、动静结合，声音、动画共存，弥补了传统课堂教学方法在直观性、立体感和动态感等方面的不足。这一优势主要应用于动物生产学、动物生理学、动物疾病防治技术、饲料加工工艺和配合饲料生产等以机能、原理、工艺和方法为授课内容的课程。

教育心理学认为，学生学习动机中最现实、最活跃的成分是认知兴趣，也就是我们通常所说的"兴趣是最好的老师"。在讲授动物微生物学时，课堂中讨论引起畜禽传染病的病原微生物时，由于这些病原微生物个体微小，所以，我们无法通过肉眼观察到。而采用多媒体教学，则可以将电子教案与丰富多彩的微生物图像、视频、动画融为一体，向学生提供大量直观的感性材料，使原来用黑板、粉笔所不能表现的丰富的影像得以展现，让他们亲眼看到一个五彩缤纷的微观世界。这样不仅能够有效地激发学生的学习兴趣和热情，使学生产生积极的学习态度和学习欲望，便于挖掘学生的学习潜能，而且有利于培养学生的创新精神。例如，我们在讲授微生物物质运送方式和病毒的增殖等内容时，通过多媒体技术，向学生动画演示四种运送方式和增殖的五个阶段，配合老师的口头解释，使教学更加生动活泼，便于学生理解。

（三）体验性强，有助于培养学生的动手能力

多媒体教学集理论教学与实践教学于一身，图文并茂，能够把系统的理论知识和生产实践很好地结合在一起。比如，在讲述大肠杆菌引起的临床疾病时，把从生产一线采集的数码图片、病例解剖视频等实际资料与教材上系统的理论知识结合在一起进行对比教学，既可加深学生记忆，又能促进学生应用能力的提高。又如，运用3D虚拟畜禽安全养殖多媒体课件，让学生在课堂上"身临其境"，感受实践过程，提高相关专业技能。

（四）信息量大，有助于更新教学内容

多媒体课件节省了传统教学过程中板书、画图的时间，增加了教师讲解、举例说明的时间；除传授内容增加外，有关的背景知识也得到了扩充。使学生了解到的知识点更加全面、前沿和系统，对学生整体素质的提高有着重要的作用。多媒体课件的这一优势适用于动物科学专业的所有课程。教师可根据学科发展与教学进度，对教案进行随时随地地补充与更新，使其不断完善，能够及时反映学科进展。例如，近年来全球肆虐的禽

流感，它是讲解病毒的好材料，但由于传统教材上没有这方面的内容，为了"补上这一课"，教师可从网上下载相关的最新图片和资料给学生讲述，让学生及时了解和掌握这一病毒。

二、多媒体课件制作思路与注意事项

研制和应用多媒体课件要根据课程的性质和特点，本着教材、板书、讲授、示范和课件内容互补的原则，处理好它们间的关系，充分发挥多媒体课件的优势，有效地提高教学效果。

（一）课件内容与教材关系

课件内容源于教材，但不同于教材，不能简单地进行内容"搬家"。课件内容既要浓缩教材的精华，又要对教材进行补充和延伸。精华部分主要是课程内容的论点和知识点，是需要学生记录和记忆的内容，为了减少板书和节省时间，需要多媒体课件来显示。补充和延伸部分主要是利用图表、动画和影视对教材内容进行修饰，使抽象内容变得生动和直观，便于学生的理解和记忆。

（二）课件与板书关系

虽然多媒体课件有很多优势，但它不能完全代替板书的作用和效果。在教学过程中，往往一节课要用很多屏画面、动画和影视，其时效性很强。用一屏，放一屏，所有内容并不能在一节课中始终呈现，这样就会对教学内容的连续性和系统性产生影响，也不利于学生记笔记。因此，还要发挥板书的优势来弥补这一缺陷，可利用板书把这节课的主要内容和框架书写出来，使学生对本节课的内容进行梳理，便于理解和记忆；也可以利用板书把那些易写和易画的内容现场板书，凝聚学生的注意力，增加互动效果，控制教学进程，给学生感知和思考的时间，提高教学效果。

（三）课件与讲授关系

多媒体课件是教师在讲授教学内容时的一种手段，课件应服务于讲授，不能把讲授变成"念课件"。教师应充分发挥自己的主观能动性，在利用多媒体课件讲解上下功夫。多媒体课件在设计时要有利于师生的互动，实现师生之间的信息交流与反馈，不应简单地以"人机对话"代替师生交流，要通过丰富的声、文、图和影视信息，创设最佳的教学情境，营造良好的学习氛围，激发学生的学习兴趣，增强学生的参与意识。

（四）课件与示范关系

课件在教学中的应用，常常造成教师的讲解动作过于呆板，示范性的形体和语音越来越少，缺少师生互动，影响课堂气氛。因此，教师在利用多媒体课件时，一定要注意自己的讲解示范，充分利用肢体语言，紧紧抓住学生的感知思维，提高学生的学习兴趣。

总之，多媒体课件只是一种教学手段，要正确、合理地利用它，不能把它作为削弱备课的工具。更不能因为它的使用而放弃传统教学的一些优势，要取长补短，相互配合，最终提高教学质量。同时也要重视以下注意事项。

第一，明确多媒体应用目的。应用多媒体课件的正确目的是相对增加授课内容，并使内容图文并茂、动静结合，提高其直观性、立体性和动态性，从而提高学生的学习兴趣，便于学生的理解和记忆，提高教学效果。但有个别教师削弱了这一教学理念和目的，把整个教案放进了多媒体课件中，几乎把课件变成了电子教案，上课时照本宣科，把课件变成了不用备课的工具，对授课内容的熟练程度和灵活讲解程度大大减弱。这就需要教师端正教学态度，厘清应用课件的目的，以提高教学质量为前提，合理正确地使用多媒体课件。

第二，"文字叙述"不宜太多。讲课和做报告不同，讲课针对的是学生，多媒体课件应以通俗易懂、形象、生动、便于理解和记忆的内容为主。因此，在制作课件时要减少"文字叙述"的内容，多制作图表、动画和影视的内容。"文字叙述"要以方便学生理解和记录知识点为主。多媒体课件并不是内容越多越好。

第三，"装饰"不宜太多。多媒体课件以视听感染为主，太多的装饰会转移学生对授课内容的注意力。有的教师在多媒体课件中装饰有动物、花草和音乐等，看起来很华丽，使学生有意无意地去注意它们，分散了听课的注意力，影响了听课效果。这种画蛇添足、哗众取宠的课件要认真修正。

第四，注重多媒体课件表现形式和效果。部分教师在制作课件时，其内容字体和背景颜色搭配比较华丽或根本就没有重视，在计算机上观看效果还可以，但在教室内播放时却看不清，在一定程度上影响了多媒体课件的使用效果。这虽然是个小问题，但也应引起我们的注意。

三、动物科学专业教学过程中的多媒体技术应用案例

应用多媒体技术来进行课程资源的采集和整理是现代教育必不可少的手段和重要环节。Flash 动画、3D 虚拟仿真、视频是当前常用的、较好的数字化教学资源制作方式。无论选用何种方式进行课程教学资源制作，在资源制作之前，我们都需要预先对教学资源进行整体设想和定位，分析该教学资源的使用目的、使用对象、资源应用方式、课程内容重点难点等问题，确保思路正确，这样才能达到理想的制作效果。对于教学资源的整体设计，还需要注意课件的制作必须具有实用性、适用性、合理性，在此基础上尽可能地达到视觉上的美观，营造较好的信息化学习环境。

以下，我们分别介绍使用 Flash 动画、3D 虚拟仿真、视频、PowerPoint 软件等数字化技术来制作教学资源的基本操作步骤。

（一）Flash 多媒体课件制作

选取动物生理学中"能量代谢和体温"一章为案例，运用 Flash 制作课堂演示型课件。动物生理学是研究动物机体生命活动及其规律的科学，"能量代谢和体温"一章的知识点主要包括能量代谢和体温调节这两个方面，理论性较强，将课程内容制作为课堂演示型课件有利于学生对课程进行整体把握和分析，同时，通过课件文字、图表、图像结合的方式对知识点和重点难点进行逐个击破，达到较好的教学效果。

使用 Flash 软件创建课堂演示型课件有两种具体的操作方法：第一种是从"Flash 幻灯片演示文稿"进行创建；第二种是直接从"Flash 文件"进行创建。在 Flash CS4 以及之前版本的 Flash 软件中都专门设有创建"Flash 幻灯片演示文稿"的功能，这种

功能是软件预先设计好的，便于操作，能大大提高课件的制作效率。本课件具体使用
Flash CS4 软件中的"Flash 幻灯片演示文稿"功能进行课件制作。

案例主要包含的软件操作要点如下。

（1）使用 Flash"幻灯片演示文稿"制作课件的基本操作步骤。

（2）如何新建幻灯片。

（3）如何在幻灯片中添加图片、文字等素材。

（4）如何制作幻灯片链接。

（5）通过对课程内容、教材、学情、教学目标的分析，建立清晰的学习思路，引
导学生根据课前、课中、课后 3 个环节对课程内容进行整体把握。在这个案例中，我们
将课件内容设计分为 3 个方面：①课前先知；②课程知识点；③课后作业。

接下来，对使用 Flash 软件进行制作的基本操作方法进行详述。

1. 制作幻灯片封面及背景

营造美观的幻灯片视觉效果有利于学生对课程学习的兴趣，也能更好地进行进一步
的融入内容学习，在这里，我们为幻灯片制作了一个简单而清新的封面。

（1）新建演示文稿。首先在菜单【文件】中点击【新建】，在弹出的"新建文档"
对话框中选择"Flash 文件（ActionScript 2.0）"，点击确定（图 4-4）。

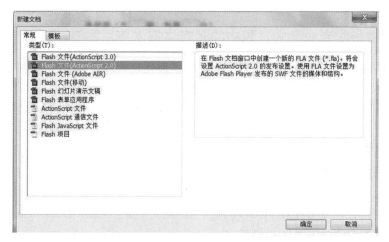

图 4-4　新建"Flash"文件

（2）制作演示文稿统一背景。如果想在幻灯片中应用统一的画面背景以提高幻灯
片的美观性和统一性，可以添加以下步骤。

选择【Flash 幻灯片演示文稿】，界面如图 4-5 所示。

注：　时间轴显示开关。　插入一幅幻灯片。　删除选中的幻灯片。

点击【演示文稿】，菜单栏上的【文件】—【导入】—【导入到舞台】，如图 4-6
所示。

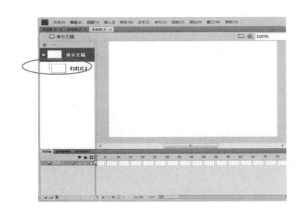

图 4-5　Flash 幻灯片演示文稿界面

图 4-6　导入到舞台的操作

将准备好的图片素材导入到工作区，点击图片，在属性面板中对图片的大小和位置参数进行修改，如图 4-7 所示。经过这一步操作，导入的图片将会出现在之后的所有幻灯片中。要对整套幻灯片的背景做统一设定都可以用这个方法，其他的幻灯片相对于这张幻灯片都属于"嵌套屏幕"。图片导入后效果如图 4-8 所示。

图 4-7　工作区图片素材的导入

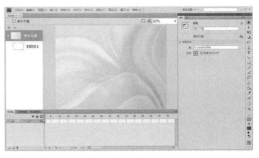

图 4-8　图片导入效果

（3）创建新的幻灯片页面。新建一个演示文稿后，系统会自动插入第一张幻灯片，在制作过程中，根据需要可以不断插入新的幻灯片。创建新幻灯片有 3 种方法：①在选中某一幅幻灯片后，点击鼠标右键，在弹出的菜单中选择【插入屏幕】；②直接点击 ；③可在菜单栏【插入】中选择【屏幕】。操作完成后会在选中的幻灯片下面插入一幅新的幻灯片，如图 4-9 所示。

（4）制作封面。鼠标双击幻灯片后的名字，可以给每幅幻灯片命名一个新的名字。将"幻灯片 1"更名为"封面"，将幻灯片 2 更名为"菜单"，如图 4-10 所示。

图 4-9　一幅新幻灯片的导入　　　　　　图 4-10　封面的制作

选择名字为"封面"的幻灯片，点击打开时间轴，选择工具栏中 **T** （文字工具）在工作区中输入文字"动物生理学——第六章能量代谢和体温调节"，在属性栏中对字体、字号、颜色等进行设置以便达到理想的效果，初学者进行简单的字体制作即可。在软件使用熟练后，也可使用滤镜工具进一步为文字添加特殊效果，将封面文字制作得更加精美，如图 4-11 所示。

图 4-11　封面文字的制作

2. 制作内容目录页

内容目录页的设置，通过"课前先知""课程知识点""课后作业"3 部分的罗列，帮助学生厘清课程学习思路，清楚地了解本课件的基本构成，同时，将其作为一个索引页面，通过 Flash 软件强大的交互功能，实现对各组成环节的链接，学生可以根据自己的学习进度，点击进入到其中的任何一个环节进行查看和学习。

制作菜单的方法与制作目录基本一样，菜单是整个幻灯片的导航，能够实现演示内容跳转功能。如果想使菜单页与封面稍做区分，可以导入图片或利用工具栏中的绘图工具在该页添加一些简单的画面装饰。在本案例中，我们使用色块区分的方式丰富画面。

点击工具栏的 ▢ （矩形工具），在"图层1"的工作区右侧绘制方块，并将其设置为无外框、填充透明度为30%的黄色，如图4-12所示。

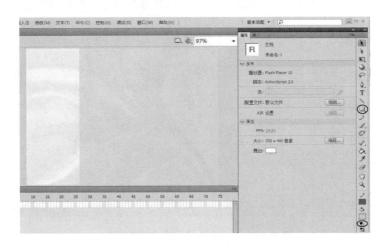

图4-12 图层1工作区方块的绘制

新建"图层2"用于存放文字内容，确保其叠放在"图层1"之上。左键单击"图层2"，选择工具栏上 **T** （文字工具），将预设的文字内容进行键入，如图4-13所示。

注意：考虑到之后将会对不同的文字内容进行分开链接，不同链接的文字内容需要分开进行键入，否则将不能独立链接。

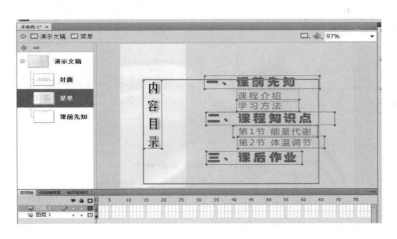

图4-13 在新建"图层2"中键入文字

3. 制作各部分幻灯片内容页

（1）"课程先知"幻灯片内容页制作。点击 ➕，新建"幻灯片3"，更名为"课前先知"，点击该幻灯片名称进入编辑状态。在工作区该幻灯片上方输入"一、课前先知"（图4-14），并使用工具栏中的矩形工具在左侧拖拽出一个色块作为装饰。

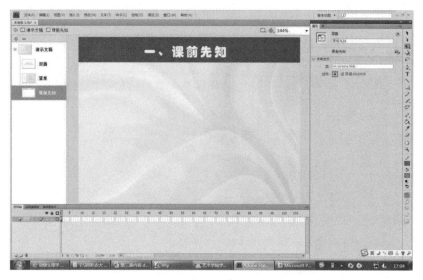

图 4-14　将幻灯片 3 改名为课前先知

　　然后，右键单击索引栏中的"课前先知"，在弹出的菜单中选择"插入嵌套屏幕"（图 4-15），连续插入 2 幅幻灯片，分别改名为"课程介绍""学习方法"（图 4-16）。

　　提示："课程介绍"和"学习方法"两幅幻灯片嵌套于"课前先知"幻灯片中，"课程先知"是父级幻灯片，"课程介绍"和"学习方法"是子级幻灯片，子级幻灯片"继承"了父级幻灯片的内容，也就是说，父级幻灯片的所有内容将出现在子级幻灯片中。单击"课程先知"左边的 ⊞ 按钮可展开下一层内容，单击 ⊟ 按钮可折叠下一层内容。

图 4-15　插入嵌套屏幕　　　　图 4-16　两幅幻灯片连续插入并更名

　　根据幻灯片内容创建的基本操作方法，将幻灯片"课程介绍""学习方法"中分别填充具体文字内容（图 4-17）。

　　（2）"课前知识"幻灯片内容页制作。点击索引栏中的"课前知识"，右键单击，在弹出的菜单中选择"插入屏幕"，新建一个同一级别的幻灯片，并将其更名为"课程

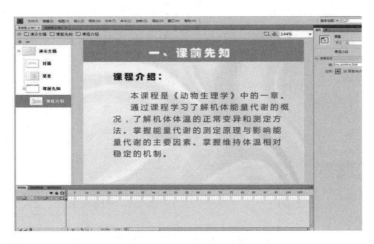

图4-17　幻灯片内容创建

知识点"。在"课程知识点"页面工作区的右上角添加统一的字样，如图4-18所示。

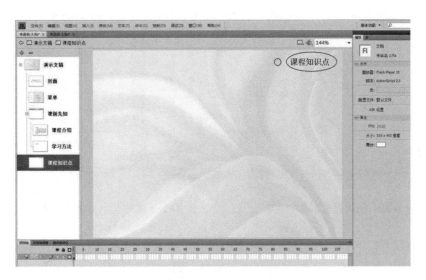

图4-18　"课前知识"幻灯片内容页制作

（3）"第一节　能量代谢"幻灯片内容页制作。右键单击"课程知识点"—"插入嵌套屏幕"，为课程知识点建立子级页面。将建立的新幻灯片改名为"第一节"，对该幻灯片的内容进行编辑，将此页面作为第一节的统一嵌套页面，如图4-19所示。

点击索引栏中的"第一节"，右键单击选择"插入嵌套屏幕"，为第一节添加多个内容页，并依次更名为"第1页""第2页""第3页"……（图4-20、图4-21）。将准备好的文字素材和图片素材添加到每一页的工作区中。

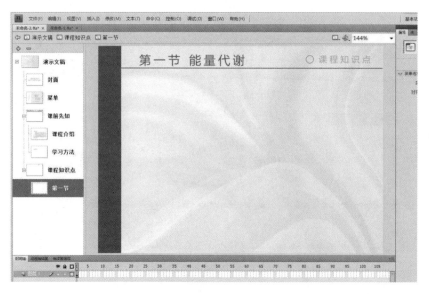

图4-19 "第一节 能量代谢"幻灯片内容页制作

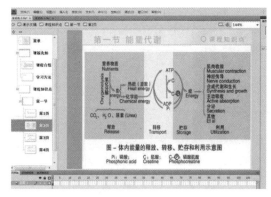

图4-20 插入嵌套屏幕并更名

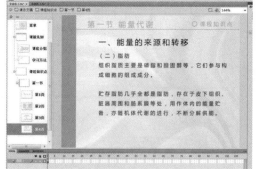

图4-21 工作区中文字素材和图片素材的添加

（4）对幻灯片内容页的调整及快捷操作。可以对幻灯片进行添加、删除、复制或调整幻灯片次序的操作。幻灯片的移动、复制、删除操作一般在大纲视图或幻灯片浏览视图中进行，复制时选中要删除的幻灯片，然后按"Ctrl+C"，然后在目标位置"Ctrl+V"即可；移动时按住鼠标左键拖动幻灯片到目的位置后释放鼠标，即可完成幻灯片顺序的调整；删除时选中要删除的幻灯片，然后按"Del"键，即可删除一张的幻灯片。

后面章节幻灯片的制作方法与前面一样，在此不再赘述。

4. 为幻灯片添加链接交互

放映幻灯片的时候有两种次序，一种是按照幻灯片的前后顺序，一次放映，另一种是通过对幻灯片中的对象设置超级链接，可以改变课件的线性放映方式，从而提高课件的交互性。用户在演示文稿中添加的超级链接可以跳转到某个特定的地方，如跳转到某张幻灯片、另一个演示文稿或某个 Internet 地址。

（1）幻灯片顺序播放的设置。第1张幻灯片"封面"播放完后，应该顺序播放第2张幻灯片"菜单"，实现这种效果的方法是：选择菜单栏"窗口"中的"行为"，打开行为面板，如图4-22所示。

然后鼠标选中幻灯片"封面"后，点击行为面板上的 ，在弹出菜单中选择"屏幕"和"转到下一张幻灯片"，如图4-23所示。

图4-22 菜单栏"窗口"中 "行为"打开

图4-23 在弹出菜单中选择"屏幕" 和"转到下一张幻灯片"

（2）幻灯片超级链接的设置。幻灯片超级链接的设置是指从既定的某一张幻灯片通过点击的方式直接链接到另外一张幻灯片，例如，在图4-13所示的菜单中，点击"课后作业"应该跳转到幻灯片"课后作业"，而幻灯片"课后作业"的跳转也应该是返回幻灯片"菜单"。

设置方法是：选中幻灯片"菜单"内容页中的"课后作业"文字框，点击行为面板上的 ，在弹出菜单中选择"屏幕""转到幻灯片"，如图4-24所示。然后再在弹出的对话框中选择"课后作业"选项，并点击确定（图4-25）。

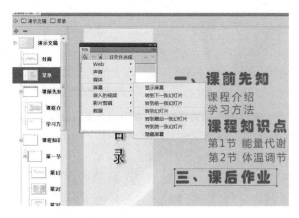

图4-24 幻灯片超级链接的设置1

图4-25 幻灯片超级链接的设置2

由"课后作业"跳转回菜单页的操作步骤是：点击索引栏中的"课后作业"，点击行为面板上的 ，在弹出菜单中选择"屏幕""转到幻灯片"（图4-26），然后再在弹出的对话框中选择"菜单"选项，确定即可（图4-27）。

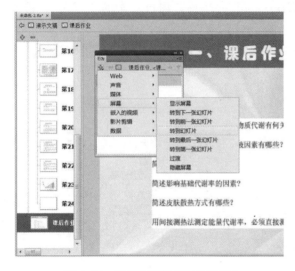

图4-26　幻灯片超级链接的设置3　　　　图4-27　幻灯片超级链接的设置4

5. 添加幻灯片的转场效果

选中某张幻灯片（例如，幻灯片"封面"），在行为面板中点击"过渡"，如图4-28所示。在打开的如图所示的转变效果对话框中选择一种转场特效，并可以在对话框的右侧对该效果的参数进行修改（图4-29）。

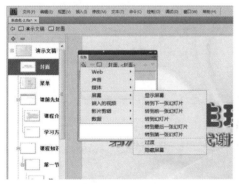 

图4-28　在行为面板中点击"过渡"　　　图4-29　在对话框的右侧对该效果的参数进行修改

6. 测试和保存及发布幻灯片影片

执行【控制/测试影片】命令（或利用快捷键【Ctrl+Enter】）测试课件的演示效果，如果课件演示的效果正常，执行【文件/保存】命令将文件保存为"能量代谢和体温调节"。

（二）制作3D虚拟仿真课程资源

3D虚拟仿真技术，就是用一个系统模仿另一个真实系统的技术。此种虚拟世界由计算机生成，可以是现实世界的再现，亦可以是构想中的世界，用户可借助视觉、听觉及触觉等多种传感通道与虚拟世界进行自然的交互。由于 3D 虚拟仿真技术的诸多优点，现在已被引入到越来越多的专业教学当中。

在动物科学专业中实践操作的课程很多，由于实训条件的一些局限，在课程中融入虚拟仿真教学，可以更好地满足学生对基础理论的理解、专业技术的掌握、实际设计与综合应用能力的培养要求，并通过现代化信息技术和云计算技术实现教学资源的开放与共享。教学环节中对 3D 虚拟仿真技术的应用主要分为单个课程知识点的虚拟仿真和 3D 虚拟仿真实验教学软件的开发。

1. 课程知识点虚拟仿真制作

对单个知识点的虚拟仿真是将课程知识点用 3D 动画软件制作为课程资源的一种方法。需要教师掌握一个或多个 3D 动画制作软件，如 3Dmax、Unity 3D、Maya 等。

制作单个课程知识点的虚拟仿真教学资源的大体步骤如下。

（1）收集仿真内容的相关文字、图片资料。在制作之前需要对虚拟仿真的内容进行充分的调查和研究。例如，对猪生产学中"猪场的规划与设计"课程内容进行虚拟仿真课程资源制作。仿真课程资源制作之前，我们需从多种途径获得现实猪场的文字描述、实拍照片、平面结构图等资料，为后面的软件制作提供依据（图 4-30）。

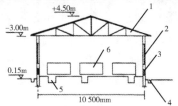

1—屋架；2—玻璃窗；3—带拉门地窗；4—排水沟；5—粪沟；6—单体母猪栏。

图 4-30　配种怀孕舍剖面

（2）3D 软件建模。在对仿真的对象资料收集之后，开始进行软件建模制作，常用的三维软件有 3Dmax、Unity 3D、Maya 等，例如，经过对猪场的规划与设计课程内容及猪场相关资料图片的研究后，我们就可以在 3Dmax 中使用建模工具创建建筑仿生模型；除建筑模型外，我们还可以制作动物的模型，例如，可以根据种猪生产课程中的内容，在3D软件中对猪的生理结构进行软件建模（图4-31）。

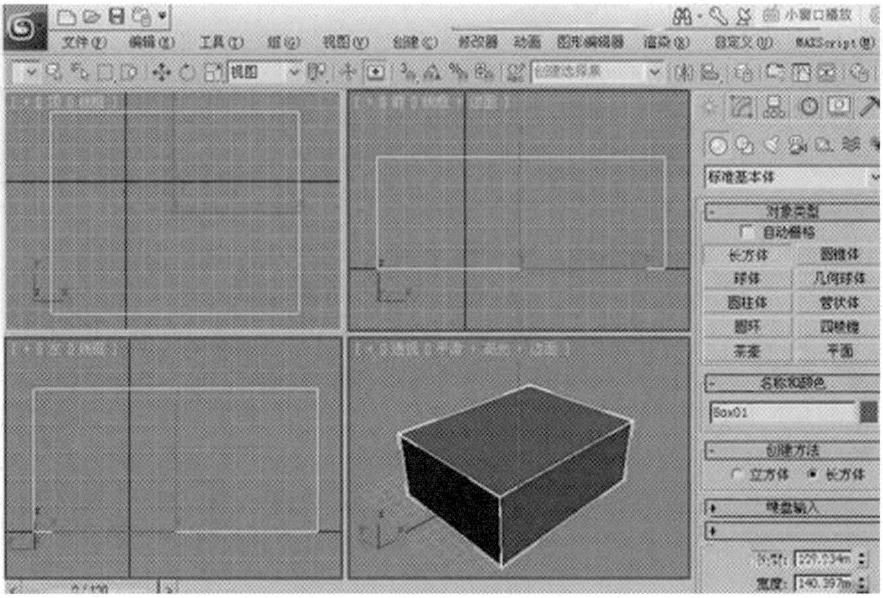

图4-31　3D模型制作

（3）动画设置。基本模型完成后，先将摄影机的动画按照脚本的设计和表现方向调整好，当场境中只有主题建筑物时，就要先设定好摄影机的动画。完成后再设定其他物体动画。

（4）贴图灯光。模型的动画完成后，我们需要为模型赋材质，再设灯光。之后再根据摄影机动画设定好的方向进行局部调节。

（5）环境制作。调整好贴图和灯光后再为模型加入环境。例如，树木、人物、动物等。

（6）渲染输出。按照制作需要渲染出不同尺寸和分辨率的动画。

（7）后期处理及非编输出。动画渲染完成后。用Adobe Aftereffect、Adobe Premiere等后期软件进行修改和调整景深、颜色等。最后在后期合成软件中将分镜头的动画按顺序加入，加入转场、剪辑后输出所需的动画格式（图4-32）。

2.3D虚拟仿真实验教学软件的开发与制作

由于3D虚拟仿真实验教学软件的开发对于计算机应用有较高的要求，通常无法由本专业老师直接完成，而是根据对软件目的、功能、操作的具体要求，由学校与委托的制作单位或公司进行沟通和商议，最终由制作公司予以开发研制。

以湖南农业大学建设的"畜禽安全生产虚拟仿真实验教学中心"为例，该教学软件委托某电子科技有限公司进行开发研制，在软件具体开发之前，由教学单位对课程的设想、软件制作目的、具体的制作要求进行了沟通，制作公司根据详细的制作要求和方案，使用Unity 3D、MayaSketchUp、3Dmax、三维虚拟仿真系统等手段，灵活构建大型的养殖场，使学生有身临其境的感受（图4-33）。为养殖场的绿化、防疫、防火、排

图 4-32 "虚拟养猪场"输出效果

污、车流、人流的规划与设计提供一个三维可视化平台。并以此为基础推断出养殖场对周边环境、疫病防控的影响，为畜禽养殖场安全设计、环境评估、疫病控制、防火等提供重要的决策依据。

图 4-33 三维虚拟饲料厂

（三）视频课程资源制作

视频是使用摄像设备或软件录制、采集、制作的动态影像资料。教学使用的视频资源，除包含视觉影像外，还通常与声音文件相结合，以达到更为理想的视听效果。视频资源是当前用于实践操作型课程教学比较常用的资源类型，以这种方式制作的教学文件比图形图像素材更具有生动性和直观性，更能吸引学生的注意力。例如，猪生产学课程中的母猪接生步骤，该知识点实践性很强，相比纯文字性的讲解和非连贯性的图形图像素材，教师采用视频的方式更便于学生理解。

视频素材的格式主要包括：AVI 格式、MOV 格式、MPEG/MPG/DAT 格式、ASF 格式、WMV 格式、RM 格式、FLV 格式。

1. 视频素材的获取

（1）来自录像带、摄像机等视频信号源的影像。由于这些视频信号的输出大多是标准的彩色电视信号，要将其输入计算机不仅要有视频捕捉（实现由模拟向数字信号的转换），还要有压缩、快速解压缩以及播放等相应的硬件处理设备。

（2）使用数码摄像机拍摄。数码摄像机可以直接拍摄数字形式的活动影像，并以数字格式存储下来，直接输入到计算机中（图4-34）。这种拍摄所得的活动影像比一般由录像机或者摄像机转录的效果好，而且具有体积小、便于携带和使用方便的特点。

图4-34　数码摄像机、手机及平板电脑

（3）使用手机、平板电脑拍摄。手机、平板电脑具有便携的优点，随着科技的发展，一些手机和平板电脑内置的摄像头已经能够达到较高的分辨率，因此常常被人们用作临时拍摄照片和视频的设备。由手机和平板电脑拍摄的视频可以通过数据线连接并传输到计算机当中。

（4）从网站及网络资源库中下载获取。网站和网络资源库上有一些很好的视频资源，我们通过搜索可查找到适于教学使用的资源，并将其下载保存到计算机当中。

（5）从VCD、DVD等电子音像产品中获取。从VCD、DVD光盘中获取影像资料比较方便，只需要在光驱中放入存储的光盘，将光盘中的视频影像文件复制到计算机中即可。如果光盘中的影像文件已经无须进一步处理，我们也可以直接将其应用于教学。

2. 视频素材的处理

采集到的视频往往需要使用相关软件进一步加工后才能进行使用。进行视频素材处理需要掌握视频编辑软件的基本操作方法。常用的视频编辑软件有：Adobe Premiere、Adobe Aftereffect、会声会影以及Windows XP系统附带的Windows Movie Maker等。基本操作步骤如下。

（1）设置视频文件参数。在进行视频内容编辑之前，需要新建视频文件，同时根据播放的需要，设置视频文件参数。这些参数的设置决定了视频文件的尺寸、画面清晰度、格式、声音效果等（图4-35）。

（2）导入音视频素材。将需要进行编辑操作的音视频素材导入到视频编辑软件当中，以待编辑。对于一些格式不兼容的音视频素材，需要使用格式工厂、狸窝等格式转换软件先将素材的格式转换为通用格式，再导入视频编辑软件当中。

（3）音视频编辑。视频编辑的方式主要包括：视频素材剪辑、转场、特效、声画字合成。

视频剪辑制作是音视频素材处理最基本的操作方法，通过剪辑，可以将一整段素材分割为多个小段落，并将其中多余的素材段落进行删除，保留有用的视频段落。同时，将素材进行合理的剪切也为转场、特效等后续制作奠定了基础。

视频转场制作是指两个场景（即两段素材）之间，采用一定的技巧（如划像、叠变、卷页等），实现场景或情节之间的平滑过渡，或达到丰富画面吸引观众的效果。

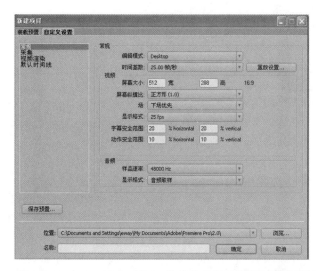

图 4-35　在 Adobe Premiere 软件中为新建项目设置参数

视频特效制作是指采用视频编辑软件在原有的素材基础上添加特殊的画面效果。

（4）文字制作。在视频课程资源制作中，我们常常会添加文字标题、字幕或局部的文字说明，以表述课程内容或强调课程的重点和难点。视频中的文字要做到准确、清晰，避免出现错误的表达或错别字。一些需要强调的文字内容，还可以制作文字特效予以合理地表现。

（5）声画字合成。声画字合成是指在视频制作软件中将声音、画面、文字三者进行合理的编排，实现视觉、听觉最佳的感受。声画字合成是视频导出前最后的一个步骤（图 4-36）。

图 4-36　Adobe Premiere 编辑界面

（6）视频导出。在视频软件中编辑完成后，需要将文件导出为可直接点击播放的格式，如 mov 格式、mpeg 格式、avi 格式等。在视频导出前，需要设定文件的储存位置、视频格式、画面质量、输出编码、声音设置等，设置完毕以后导出文件，便可获得让我们理想的视频教学素材（图 4-37）。

图 4-37 制作完成后的视频文件

（四）课堂演示型 PowerPoint 多媒体课件制作

本案例选取《动物遗传育种学》中的"遗传的基本定律"一章。动物遗传与育种学是动物科学专业本科生的专业基础课，该课是理论与实践紧密结合的专业课程。通过课堂演示型课件的制作，以图文结合的方式对课程重点、难点进行讲解，能较好地帮助学生进行课程知识点理解。

该章教学重点在于将讲述遗传学的三大基本规律、伴性遗传原理和性别决定。教学难点在于连锁交换规律和伴性遗传，以及伴性遗传原理在养禽业中的应用。

在教学中使用 PowerPoint 2010 软件进行课件制作，该软件界面友好、操作方便，同时包含一些交互功能，因此在设计制作多媒体课件中应用广泛。通过课件可引导学生主动探索和发现，对课程内容进行学习。

本案例中主要包含的软件操作要点如下。

（1）PowerPoint 2010 基本编辑。

（2）PowerPoint 2010 插入表格及表格处理。

（3）PowerPoint 2010 图片处理。

（4）PowerPoint 2010 动画设置。

将该章课程的教学设计分为 4 个环节，分别是创设情境、自主探究、知识应用和知识小结。本课件同时也将根据这 4 个模块进行制作。下面介绍课件内容的具体制作过程。

1. 创设情境

我们可以运用课件展示自然界中生物遗传的现象，激发学生的学习兴趣，增强学生的实践应用意识。通过插入一系列自然界中生物遗传现象的图片来实现，图片素材可通过实际拍摄、网络资源搜索来完成，具体操作如下。

（1）新建 PowerPoint 2010 文档，命名为"动物遗传基本定律"。

（2）打开文档，制作好课件的背景，操作如下：把鼠标光标停放在幻灯片空白处，右击，选中【设置背景格式】，出现如图 4-38 所示界面，点击【图片或纹理填充】，选择纹理或图片作背景，以图片为例，单击【文件】，找到图片存储的位置，选中图片，点击【插入】，若设置所有的幻灯片为同一背景，则点击【全部应用】。

图 4-38　背景格式的调整

（3）插入图片。点击【插入】，选中【图片】，再打开图片存储的位置→选择图片（调整好位置、大小），如图 4-39 所示。

注意：定位图片位置时，按住 Ctrl 键，再按动方向键，可以实现图片的微量移动，达到精确定位图片的目的。

图 4-39　图片的插入

（4）调整图片的大小、位置。将鼠标光标移到需调整的图片上，当光标变为双向箭头形状时，鼠标左键拖动图片控制点即可对大小进行粗略设置。当需要精确调整时，点击需调整的图片，在工具栏出现【图片工具/格式】选项卡，在工具栏的最右侧找到【大小】，点击设置高度/宽度，如图 4-40 所示。

（5）设置动画。选中设置动画的图片，点击菜单栏的【动画】，出现如图 4-41 所

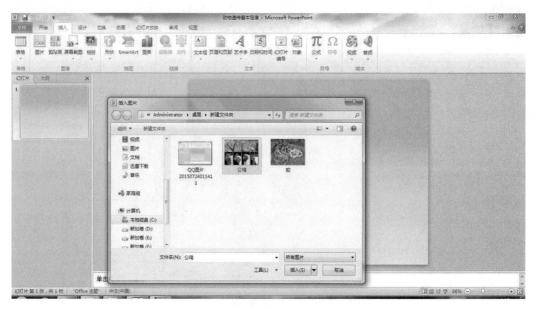

图 4-40　图片大小、位置的调整

示的对话框，选择进入或退出时的动画。

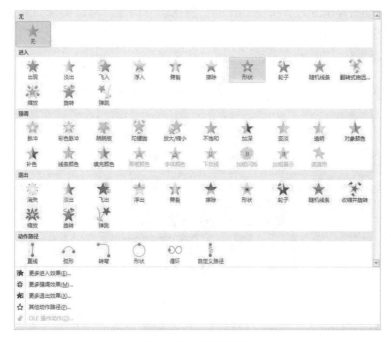

图 4-41　动画位置

2. 自主探究

让学生利用多媒体课件掌握分离定律和自由组合定律，并且能够熟练掌握两定律的验证，以及相关遗传计算。

　　制作分离定律图示、自由组合定律图示，以及验证分离定律和自由组合定律的图示过程，用图示的方式对知识点进行讲解，帮助学生快速理解。具体操作如下。

　　（1）新建 PowerPoint 2010 文档，命名为"动物遗传基本定律"。打开文档，制作好课件的背景，点击【插入】，选中【文本框】，根据需要选择横排文本框或竖排文本框，然后鼠标在幻灯片上拉出文本框的位置，点击文本框可调整文本框的大小，在文本框中输入"分离定律图示"，如图 4-42 所示。

图 4-42　文档中文本框插入与文字输入

　　（2）插入横排文本框，输入分离定律的图示内容，如图 4-43 所示。

　　（3）大括号的插入。点击【插入】，选中【形状】，找到大括号插入相应位置，点击大括号调整大小及位置。

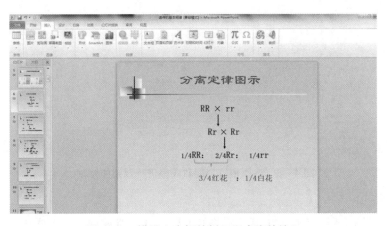

图 4-43　横排文本框的插入和内容的输入

　　（4）表格的插入。点击【插入】，选中【表格】，出现如图 4-44 所示的对话框，选择绘制表格或鼠标光标直接在对话框中选中表格。然后幻灯片上出现表格，菜单栏上出现【表格工具】，选择相应功能对表格进行调整和修改，然后编辑自由组合定律中 F_2 基因型和表型分离情况，如图 4-45 所示。

　　（5）表格设置行高和列宽。将鼠标光标放在行或列的分割线上，当光标变为双向箭头时即可粗略地调整行高或列宽。若需精确设置数值，点击表格，工具栏出现"表格工具"选项，点击【布局】，输入高度、宽度值，如图4-46所示。

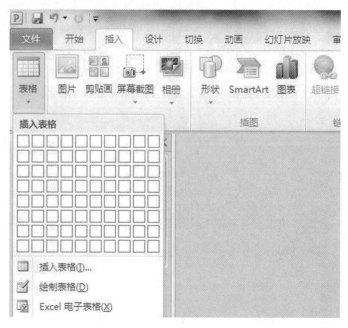

图4-44 选中表格的插入

图4-45 选择相应功能对表格进行调整和修改

3. 知识应用

在课件中我们还可以加入知识点相关的习题，在课堂或课下要求学生独立思考，分析作答，以得到较好的知识巩固。习题的制作主要是文字在软件中的输入及排版，前面已对操作步骤进行了介绍，在此不做详述。

4. 知识小结

在课件中我们还可以设置归纳总结知识点的环节，利用课件提醒学生易混淆之处。"知识小结"课件部分的制作同样可参照前面的操作方法。

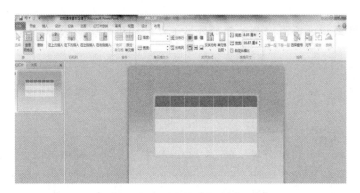

图 4-46 表格行高和列宽的设置

制作课件时通常会用到超链接，具体操作如下：

打开知识小结课件，选中需链接的知识点的文本框，点击【插入】，选中【超链接】，出现如图 4-47 的对话框，根据需要选择需要链接文件的位置。以链接本文档中的位置为例，选中【本文档中的位置】，选择需链接的幻灯片。

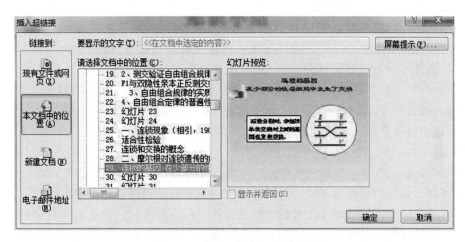

图 4-47 归纳总结知识点的位置

四、教学评价

教学评价是对教学效果进行的价值判断，也是改进教学设计的依据。教学评价通常是指以教学目标为依据，制定出科学的标准，运用一切有效的技术手段，对教学活动的过程及其结果进行测定、衡量，并给出价值判断。

（一）教学评价的功能

1. 诊断功能

合理的评价不仅能描述当前学生的学习状态，而且能诊断出当前教学中所存在的问题，是教学资源不充分，还是教师的教学方法不适合，或者是学生自身的问题，从而调整教学方案，提高教学质量。

2. 激励功能

科学合理的教学评价可以调动教师教学工作的积极性，对教师和学生来说是一种促进和强化。

3. 教学功能

评价本身也是一种使学生知识、技能获得长进甚至产生飞跃，使教师领悟到更多教授经验的教学活动。

4. 反馈调节功能

通过教学评价，人们可以从各种渠道获得关于教学的各种反馈信息，而分析和研究这些反馈信息可以发现教学中存在的诸多问题，在客观上使师生双方做到心中有数，并有针对性地采取相应措施，调节教与学的双边活动，以达到改进教学、提高质量的目的。这种信息反馈包括两类：一是以指导教学为目的的对教师教学工作的评价，通过这种评价可以调节教师的教学工作，也间接提高了学生的学习效果；二是以自我调控为目的的自我评价，即学生通过自我评价加深对自我的了解，以便调整学习策略，改进学习方法，增强学习的自觉性。

（二）教学评价的类型

根据不同的分类标准，教学评价可有不同的划分，按评价基准分为"相对评价""绝对评价"和"自身评价"三种；按评价内容可分为"过程评价"和"成果评价"；按评价功能又可分为"诊断性评价""形成性评价"和"总结性评价"；按评价表达分为"定性评价"和"定量评价"；按评价对象分为"对教师的评价""对学生的评价""对过程的评价""对管理的评价""课程的评价""课堂教学的评价"和"学习资源的评价"。这里简单介绍按功能分类的评价。

1. 诊断性评价

诊断性评价是在事物发展进程的某一阶段开始之前所做的评价，也称前置性评价或准备性评价，其目的是摸清条件、基础，发现问题和诊断原因。对于学生的学习，诊断性评价就是在一个新的学习阶段开始之前进行的一种事前考核，它要了解学生为学习新内容所必须具备的预备知识、技能和经验等内容的实际掌握程度，了解学生对学习内容的兴趣、爱好和要求。根据评价的结果，按照学生的条件和预备知识、技能、经验的掌握程度，修订教学目标、方法，作出必要的决策。

2. 形成性评价

形成性评价是在事物发展进程中所做的具有监测、调控、反馈意义的评价活动，也称作过程评价。其目的是监督事物的发展，并调整、修正其发展过程。这种评价在教学活动、科研活动中被广泛使用，是将原来预定的发展目标作为评价依据。对于学生学习，形成性评价就是通过平时的小测验、期中考试、作业等测量段进行评价，它起着督促学生学习，改进教师教学的作用。

3. 总结性评价

总结性评价是在事物发展到某一个阶段之后所进行的结论性评价，又称后置评价、结果评价。这种评价注重的是结果，目的是了解整体的效果，提供总体评价成绩的资料。总结性评价往往又具有后继新阶段的诊断性评价的作用。对于学生学习，总结性评价往往通过期终考试、毕业考试、毕业设计、毕业实习等测量手段进行评价，评定学生掌握知识和技能的程度并给出评定成绩。

（三）教学评价的原则

为做好各类教学评价工作，必须根据教学的规律和特点，确立一些基本的要求，作为评价的指导思想和实施准则。具体来说，教学评价应贯彻以下 4 条原则。

1. 客观性原则

客观性原则是指在进行教学评价时，从测量的标准和方法，到评价者所持的态度，特别是最终的评价结果，都应符合客观实际，不能主观臆断或掺入个人感情。因为教学评价的目的在于给教师的教和学生的学以客观的价值判断。

2. 整体性原则

整体性是指在进行教学评价时，要对组成教学活动的各个方面做多角度、全方位的评价，而不能以点带面，以偏概全。贯彻这条原则首先要评价标准全面，尽可能包括教学目标的各项要求，防止突出一点而不及其余；其次是要把握主次，区分轻重，抓住主要矛盾，在决定教学质量的主导因素和环节上花大力气；再次要把定性评价和定量评价结合起来，使其相互参照，以求全面准确地判断评价客体的实际效果。

3. 指导性原则

指导性原则是指在进行教学评价时，不能就事论事，而应把评价和指导结合起来；不仅使被评价者了解自己的优缺点，而且要为其以后的发展指明方向。贯彻这条原则首先必须在评价资料的基础上进行指导，不能缺乏根据地随意表态；其次是要反馈及时、指导明确，切忌耽误时机和含糊其辞，使人无所适从；再次要具有启发性，留给被评价者思考和发挥的余地，不能搞行政命令。

4. 科学性原则

科学性原则是指在进行教学评价时，不能光靠经验和直觉，而要依据科学。只有科学合理的评价才能对教学发挥指导作用。科学性不仅要求评价目标和评价标准的科学化，而且要求评价程序、方法的科学化。贯彻这条原则首先要从教与学统一的角度出发，以教学目标为依据，确定合理统一的评价标准；其次要推广使用先进的测量手段和统计方法，对获得的各种数据和资料进行严谨的处理；最后要对编制的评价工具进行认真的预试、修订和筛选，达到一定的指标后再付诸使用。

（四）多媒体课件评价标准

多媒体课件的质量是评价多媒体教学的重要方面，对多媒体课件的评价不仅涉及教学设计思想、教学内容的安排、教学方案的设计意图等教育理论问题，而且涉及课件设计和制作、使用的技术性、艺术性等问题，此外还需要考虑到课件制作和使用的经济性问题、课件运行环境问题等。

多媒体课件的评价属于学习资源或教学材料的评价范畴。对于这类教材，我国学术界总结过所谓"五性"的编制原则，它们实际上也是评价多媒体课件的基本标准。

（1）教育性。看其是否能用来向学生传递课程标准所规定的教学内容，为实现预期的教学目标服务。

（2）科学性。看其是否正确地反映了学科的基础知识或先进水平。

（3）技术性。看其传递的教学信息是否达到了一定的技术质量。

（4）艺术性。看其是否具有较强的表现力和感染力。

（5）经济性。看其是否以较小的代价获得了较大的效益。

多媒体课件的评价标准具有一定的相对性。为了更好地了解多媒体评价的评价标准，以下提供多媒体教室环境下课堂教学过程评价指标供参考。

多媒体教室环境下课堂教学过程评价

第一部分　教学设计

第 1 题　对于本案例中"学习目标"的评价，参考如下。

1. 教学目标明确、具体，符合新课程标准的要求，切合学生实际；

2. 各知识点的学习目标层次合理、分类准确，描述语句具有可测量性；

3. 密切结合学科特点，注意情感目标的建立。

优　〇　　　良　〇　　　中　〇　　　差　〇

第 2 题　对于本案例中"学习内容"的评价，参考如下。

1. 教学内容的选择符合课程标准的要求；

2. 根据学科的知识能力结构确定知识点，各知识点布局合理、衔接自然；

3. 根据学科特点，注意到情感、态度与价值观的内容；

4. 按照科学的分类，对教学内容正确分析。重点、难点的确定符合学生的当前水平，解决措施有力、切实可行。

优　〇　　　良　〇　　　中　〇　　　差　〇

第 3 题　对于本案例中"教学媒体"的评价，参考如下。

1. 教学媒体的选择符合程序，具有较高的功效价格比，注意到多媒体的组合运用；

2. 所选媒体适合表现各知识点的教学内容，对教学能起到深化作用；

3. 教学媒体的使用目标（在教学中的作用）明确，使用方式有助于学生的学习；

4. 板书设计规范、合理，能密切结合学科特点，有一定的艺术性。

优　〇　　　良　〇　　　中　〇　　　差　〇

第 4 题　对本案例中"教学活动设计"的评价，参考如下。

1. 根据学科特点、教学内容和学生特征设计合适的教学活动；

2. 遵照认知规律选择教学方法，注意到多种教学活动的优化组合；

3. 整节课的教学过程自然流畅、组织合理。

优　〇　　　良　〇　　　中　〇　　　差　〇

第 5 题　对本案例中"形成性检测"的评价，参考如下。

1. 形成性练习题覆盖了本节课各知识点的所有学习目标层次；

2. 形成性练习题简洁、精炼，表达准确、便于检测。

优　〇　　　良　〇　　　中　〇　　　差　〇

第二部分　教学过程

第6题　对本案例中"目标实施"的评价，参考如下。

1. 整节课围绕目标进行教学；

2. 在教学过程中，对各知识点的学习目标是否达到，能及时进行检测。

　　优　○　　　　良　○　　　　中　○　　　　差　○

第7题　对本案例中"内容处理"的评价，参考如下。

1. 在课堂中，对各个环节、各知识点占用的时间分配合理，总体掌握准确；

2. 分清主次，重点突出，抓住关键，突破难点。

　　优　○　　　　良　○　　　　中　○　　　　差　○

第8题　对本案例中"结构流程"的评价，参考如下。

1. 按照设计好的流程方案进行教学，做到照办而不呆板、机械，灵活而不打乱安排；

2. 教学过程中注重启发、诱导，激发学生的学习动机。

　　优　○　　　　良　○　　　　中　○　　　　差　○

第9题　对本案例中"媒体运用"的评价，参考如下。

1. 演示实验、应用媒体时，操作熟练、规范正确，视听效果好；

2. 媒体出示时机适宜，使用方法得当，取得预期效果；

3. 板书整齐，字迹清晰，书写规范，无错别字。

　　优　○　　　　良　○　　　　中　○　　　　差　○

第10题　对本案例中"能力培养"的评价，参考如下。

1. 注意对学生的智力、技能和创造力的培养；

2. 指导学生掌握学习方法，培养学生的自主学习能力。

　　优　○　　　　良　○　　　　中　○　　　　差　○

第11题　对本案例中"课堂调节"的评价，参考如下。

1. 注意师生的交流，根据学生的反应，及时调整教学进度和教学方法；

2. 组织能力强、课堂教学秩序好；

3. 时间掌握准确，教学效率高；能够妥善处理突发事件。

　　优　○　　　　良　○　　　　中　○　　　　差　○

第12题　对本案例中"教师素养"的评价，参考如下。

1. 仪表整洁、大方，教态端庄、自然、亲切；

2. 讲普通话。口齿清楚，发音正确，表达形象生动，富于启发性和感染力；

3. 治学严谨，教书育人，为人师表；

4. 具有较强的科学研究和信息处理能力，能为学生介绍本学科最新成果及发展前沿，增强学生的学习积极性，拓宽学生的知识面。

　　优　○　　　　良　○　　　　中　○　　　　差　○

第三部分　教学效果

第 13 题　对本案例中"课堂反应"的评价，参考如下。

1. 以教师为主导，以学生为主体的教育思想得以在课堂教学中体现；

2. 学生注意力集中，学习积极主动，与教师配合默契。

优　　○　　　　良　　○　　　　中　　○　　　　差　　○

第 14 题　对本案例中"达标程度"的评价，参考如下。

1. 形成性测试中，大部分同学反应积极，回答问题踊跃；

2. 回答正确率高达 90% 以上；

3. 课外作业完成顺利，单元测验合格率在 95% 以上。

优　　○　　　　良　　○　　　　中　　○　　　　差　　○

五、多媒体课件制作相关参考书籍和网页推荐

（一）相关参考书籍

凤舞科技，2013. PowerPoint 多媒体课件制作入门与提高［M］. 北京：清华大学出版社.

李军，2014. 多媒体课件制作入门与提高［M］. 北京：清华大学出版社.

李克东，谢幼如，1990. 多媒体组合优化教学设计的原理与方法（上）［J］. 电化教育研究（4）：18-24.

李永，2009. Flash 多媒体课件制作经典教程模块模板精讲［M］. 北京：清华大学出版社.

李永，等，2014. PowerPoint 多媒体课件制作经典教程模块模板精讲［M］. 北京：清华大学出版社.

缪亮，2011. Flash 多媒体课件制作实用教程［M］. 北京：清华大学出版社.

缪亮，付凡成，范芸，2010. 3ds Max 三维动画制作基础与上机指导［M］. 北京：清华大学出版社.

欧训勇，等，2009. Flash 动画与多媒体课件制作从入门到精通［M］. 北京：国防工业出版社.

时代印象，2012. 中文版 3ds Max 2012 基础培训教程［M］. 北京：人民邮电出版社.

时代印象，2013. 中文版 Premiere Pro CS6 完全自学教程［M］. 北京：人民邮电出版社.

史创明，2015. Adobe Flash CS6 课件制作案例教学经典教程［M］. 北京：电子工业出版社.

亿瑞设计，2013. Photoshop CS6 从入门到精通［M］. 北京：清华大学出版社.

张筱兰，等，2010. 信息化教学［M］. 北京：高等教育出版社.

（二）推荐课件制作学习网页（在以下网页中搜索"多媒体课件制作"即可）

爱课程：http://www.icourses.cn/home/

百度传课：http://www.chuanke.com/

Flash 课件网：http://www.flashkj.com/

湖南农业大学精品课程网：http://www2.hunau.edu.cn/net/source/

教育技术人：http://www.etthink.com/

教程巴巴：http://www.jc88.net/

精品课：http://www.jingpinke.com/

全国高校教师网络培训中心：http://www.enetedu.com/

微课网：http://www.vko.cn/